高职高专计算机系列教材

AutoCAD 工程绘图
实训指导书

（机械类）

宋志良　李微波　刘素楠　主编

中国科学技术出版社
·北京·

内 容 简 介

　　本书从实际应用出发,通过大量典型实例重点介绍 AutoCAD 在机械制图方面绘图的一般方法和应用技巧,全书内容繁简得当、由浅入深,实训演练讲解详细,课后训练有针对性,有利于培养读者运用 AutoCAD 独立地完成设计图形和绘制图形的能力。

　　全书分 16 章实训,主要内容包括:熟悉 AutoCAD 用户界面及基本操作,辅助绘图工具,基本绘图训练,二维图形编辑,创建图库和图块,尺寸标注,绘制零件图,绘制装配图,绘制轴测图,绘制三维图形等。

　　本书与《AutoCAD 工程制图》配套,以"任务驱动,案例教学"为出发点,充分考虑了高等职业学院教师和学生的实际需求,通过完成一个个具体任务,强化实际绘图训练,达到熟练操作 AutoCAD 命令,灵活使用 AutoCAD 进行绘图的目的。

　　本书可作为高职院校和大学工科类学生的教材,也可作为从事工程制造、工程设计等行业技术人员的参考书。

前　言

本书以《全国计算机信息高新技术考试技能培训和鉴定标准》中"AutoCAD 高级操作员"的知识点为标准,是专门为高等职业学院的学生编写的。学生通过学习本书,能够掌握 AutoCAD 的基本操作和实用技巧,并能顺利通过相关的职业技能考核。

本书实用性强,通过大量典型实例重点介绍 AutoCAD 在机械制图方面绘图的一般方法和应用技巧,全书内容繁简得当、由浅入深,实训演练一步一步详细讲解,课后训练有针对性,有利于培养读者运用 AutoCAD 独立地完成设计图形和绘制图形的能力。

本书以"任务驱动,案例教学"为出发点,充分考虑了高等职业学院教师和学生的实际需求,通过完成一个个具体任务,使学生的学习目的性明确,以加强实际绘图训练,各实训均配有一定量的课后训练,使读者更加深入理解、熟练操作 AutoCAD 命令,达到灵活使用 AutoCAD 绘图的目的。

本书可作为高等职业学院机械类等专业的"计算机辅助设计与绘图"课及相关课程的教材,也可作为广大工程技术人员及 CAD 爱好者的自学参考书以及社会培训班的配套教材。

本书由江西应用技术职业学院、中山职业技术学院的教师编写,江西应用技术职业学院宋志良、刘素楠、中山职业技术学院李微波担任主编。实训1、2、3、4 章由刘素楠执笔,实训5、6、7、8、9、10、11、12、13、14 章由宋志良执笔,实训15、16 章由李微波执笔。

本书引用了一些参考书的内容,编者在此对各位作者表示感谢。

由于作者水平有限,疏漏之处敬请各位老师和同学指正。

编　者
2006 年 1 月

目 录

实训 1　熟悉 AutoCAD 用户界面及基本操作 …………………………………………（ 1 ）
实训 2　辅助绘图工具 ……………………………………………………………………（11）
实训 3　基本绘图训练 1 …………………………………………………………………（17）
实训 4　基本绘图训练 2 …………………………………………………………………（25）
实训 5　二维图形编辑 1 …………………………………………………………………（33）
实训 6　二维图形编辑 2 …………………………………………………………………（41）
实训 7　创建图库和图块 …………………………………………………………………（53）
实训 8　尺寸标注 1 ………………………………………………………………………（60）
实训 9　尺寸标注 2 ………………………………………………………………………（68）
实训 10　绘制零件图 1 ……………………………………………………………………（77）
实训 11　绘制零件图 2 ……………………………………………………………………（85）
实训 12　绘制装配图 ………………………………………………………………………（102）
实训 13　绘制轴测图 1 ……………………………………………………………………（111）
实训 14　绘制轴测图 2 ……………………………………………………………………（122）
实训 15　绘制三维图形 1 …………………………………………………………………（129）
实训 16　绘制三维图形 2 …………………………………………………………………（133）

实训 1　熟悉 AutoCAD 用户界面及基本操作

一、实训目的

熟悉 AutoCAD 用户界面，掌握常用的基本操作。

二、实训演练

项目一：练习有关工具栏及命令窗口的操作

1. 启动 AutoCAD，进入 AutoCAD 用户界面。关闭【修改】工具栏及【对象特性】工具栏，如图 1-1 所示。

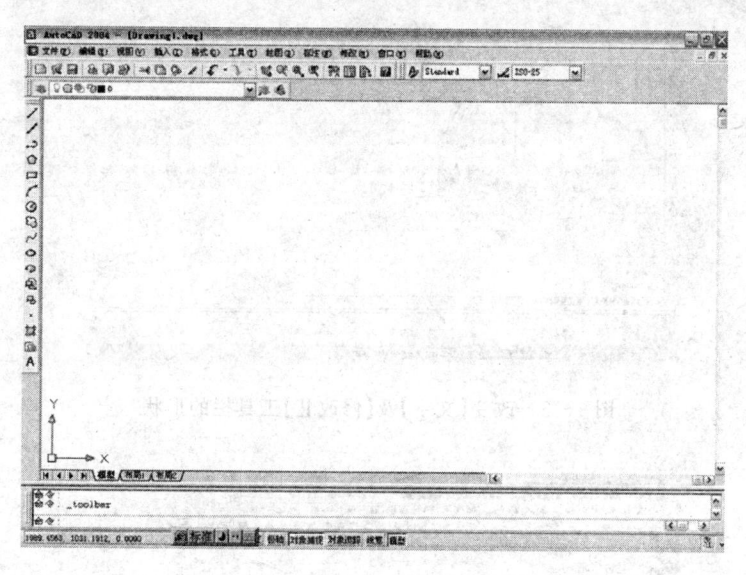

图 1-1　关闭【修改】及【对象特性】工具栏

2. 打开【标注】、【文字】及【修改Ⅱ】工具栏，并调整它们的位置，如图 1-2 所示。
3. 改变【文字】及【修改Ⅱ】工具栏的形状，如图 1-3 所示。
4. 关闭【文字】及【修改Ⅱ】工具栏，然后调整命令提示窗口的大小，如图 1-4 所示。
5. 在绘图窗口单击鼠标右键，弹出光标菜单，选择"选项"，打开【选项】对话框。进入该对话框的配置选项卡，然后单击　重置(R)　按钮，AutoCAD 程序界面恢复为默认设置的情况，如图 1-5 所示。

图 1-2　打开【标注】、【文字】及【修改Ⅱ】工具栏

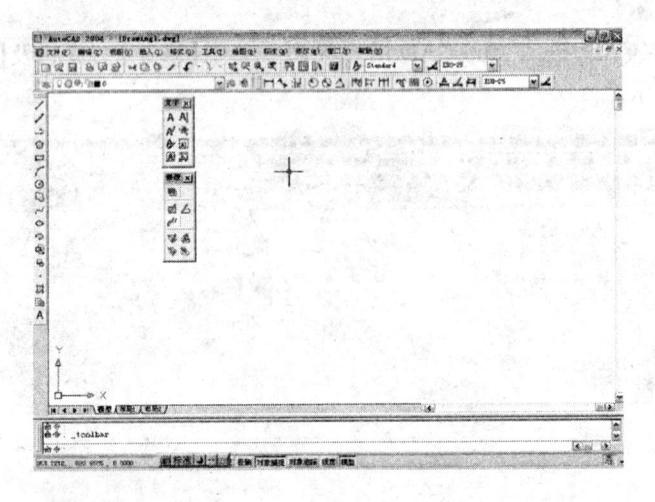

图 1-3　改变【文字】及【修改Ⅱ】工具栏的形状

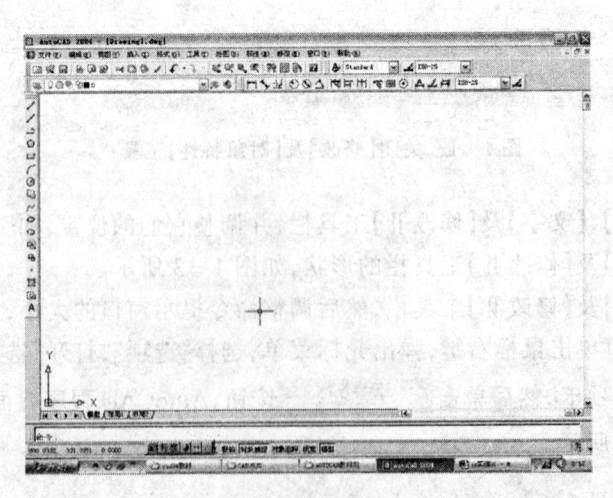

图 1-4　调整命令提示窗口的大小

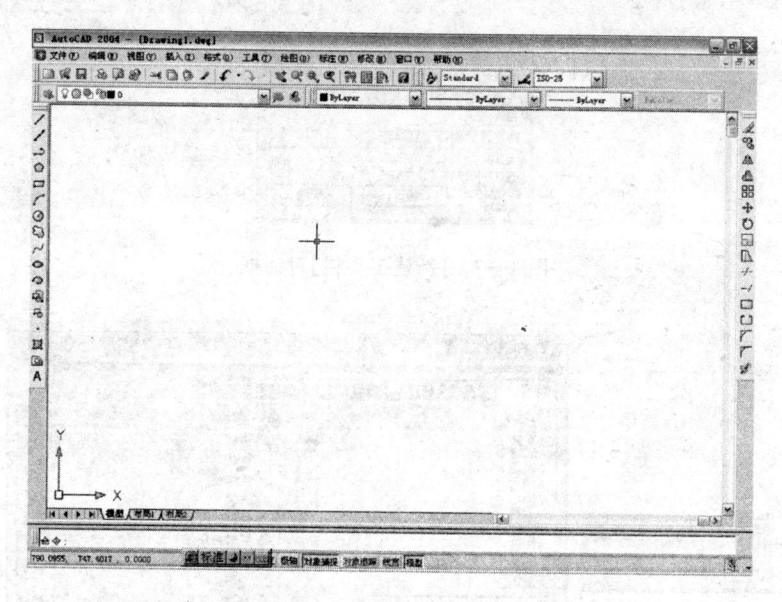

图 1-5 重置 AutoCAD 程序界面

项目二:定义新工具栏

常用工具按钮放入新工具栏中。

1. 单击【工具】/【自定义】/【工具栏】选项,打开【自定义】对话框,如图 1-6 所示。

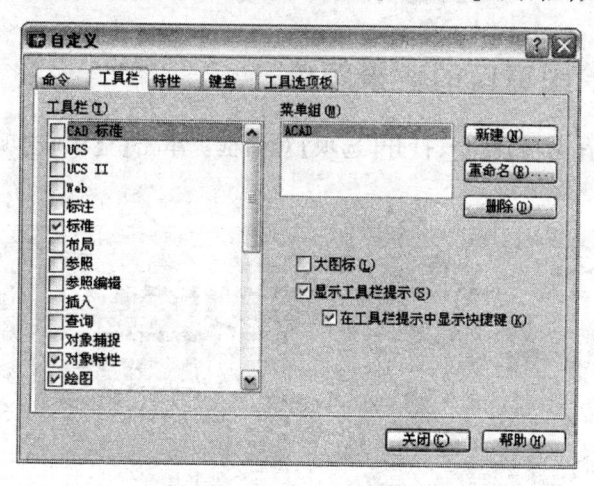

图 1-6 【自定义】对话框

2. 单击【工具栏】选项卡中的 新建(N)... 按钮,打开【新建工具栏】对话框,如图 1-7 所示,在这个对话框中输入新工具栏的名称 New Toolbars,然后单击 确定 按钮。

3. 单击【命令】选项卡,从该选项卡的"分类"列表框中选择自己需要的工具种类,然后在"命令"列表框中选取工具按钮并将它拖出,放置在新生成的工具栏中,如图 1-8 所示。

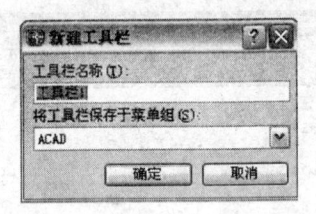

图 1-7 【新建工具栏】对话框

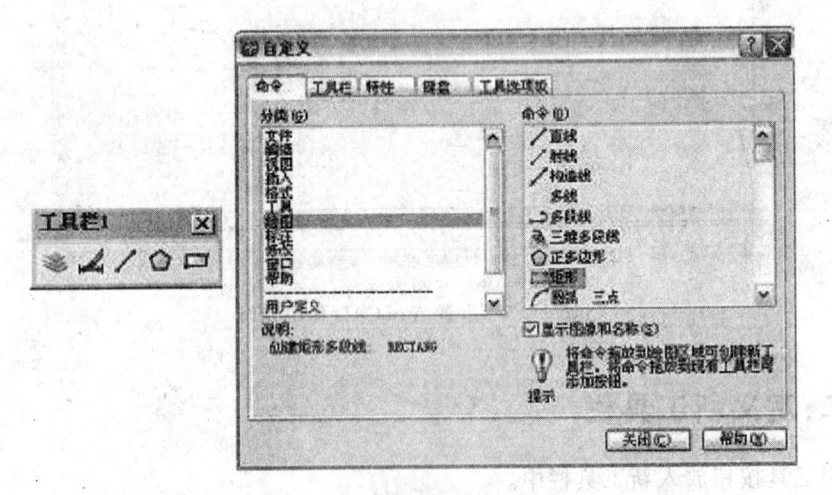

图 1-8 【自定义】工具栏对话框和新工具栏

项目三：设置绘图窗口的背景颜色

1. 单击【工具】/【选项】命令，打开【选项】对话框。单击【显示】选项，进入【显示】选项卡，如图 1-9 所示。

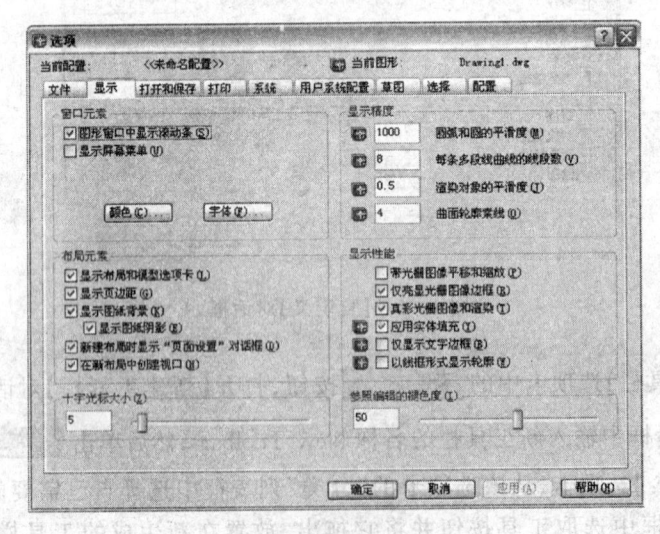

图 1-9 【选项】对话框

2. 在"窗口元素"区域中单击 颜色(C)... 按钮,打开【颜色选项】对话框,如图1-10所示。该对话框"窗口元素"下拉列表中包含可设定颜色的所有元素,选择其中之一,例如选择"模型空间背景"或"图纸空间背景"。然后在"颜色"下拉列表中指定所需颜色,例如白色,则 AutoCAD 在对话框中显示新设置的效果图片。

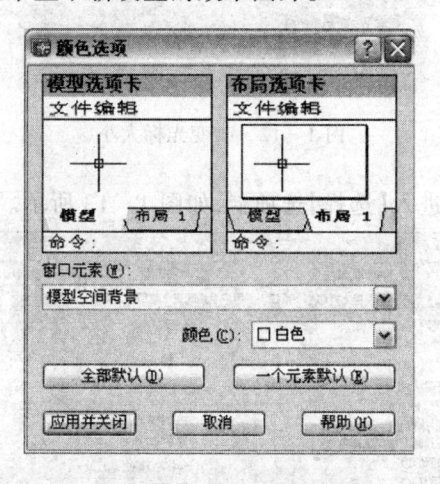

图 1-10 【颜色选项】对话框

3. 单击 应用并关闭 按钮,设置完成。

项目四:设置十字光标及拾取框的大小

1. 单击【工具】/【选项】命令,打开【选项】对话框。单击【显示】选项,进入【显示】选项卡,如图 1-11 所示。

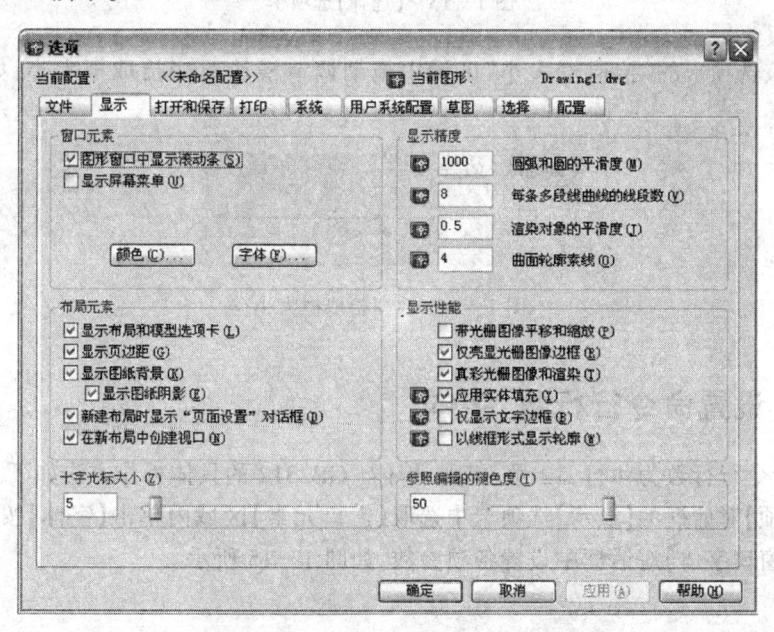

图 1-11 【显示】选项卡

2. 在该选项卡的"十字光标大小"区域中拖动调节滑块改变光标大小,如图1-12所示。滑块左边的文本框中显示光标大小的数值,该椎表示光标尺寸占绘图区大小的百分比,有效值范围从1%～100%。当设定为100%时,绘图区中将不显示十字光标的末端。

图1-12 改变光标大小

3. 单击【选择】选项,进入【选择】选项卡,如图1-13所示。

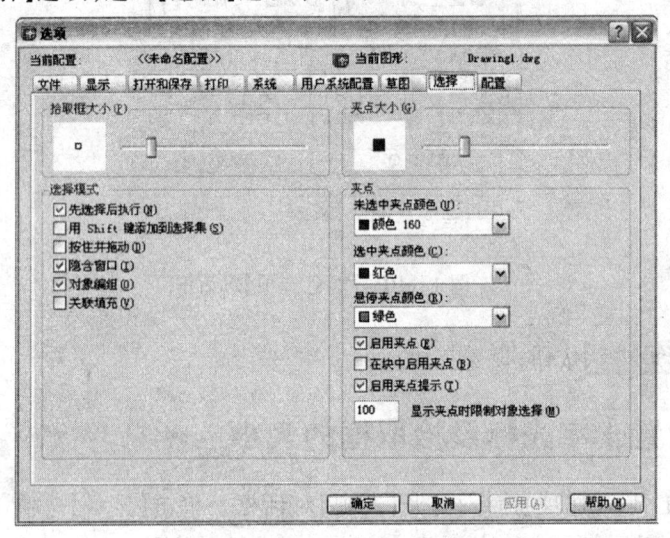

图1-13 【选择】选项卡

4. 在该选项卡的"拾取框大小"区域中拖动调节滑块改变拾取框大小,如图1-14所示。

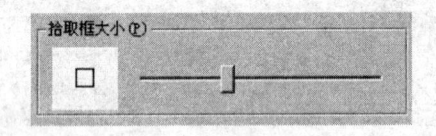

图1-14 改变拾取框大小

项目五:设置命令行行数、字体

设置命令行行数为4行,12号、规则、楷体_GB2312的具体操作方法如下。

在【选项】对话框的【显示】选项卡中选取【窗口元素】区域内单击【字体】按钮,在弹出的【命令行窗口字体】对话框中设置各项参数,如图1-15所示。

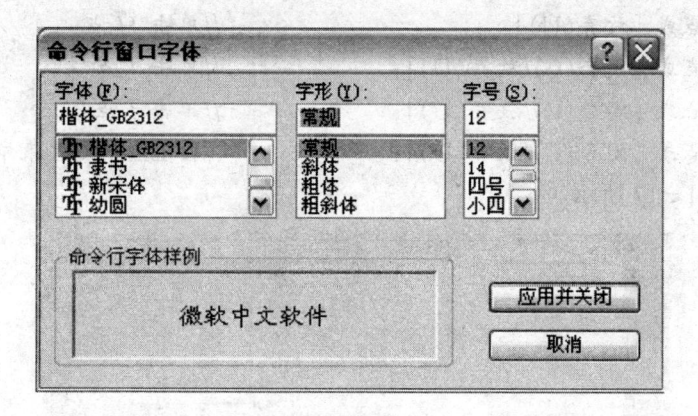

图 1-15 【命令行窗口字体】对话框

项目六：调用 AutoCAD 命令

用 LINE、CIRCLE 命令绘制一个简单图形。

1. 单击【绘图】工具栏 按钮，AutoCAD 提示如下。

命令：_line 指定第一点：　　　　　　　　//单击 A 点，如图 1-16 所示
指定下一点或 [放弃(U)]：　　　　　　　　//单击 B 点
指定下一点或 [放弃(U)]：　　　　　　　　//单击 C 点
指定下一点或 [闭合(C)/放弃(U)]：　　　　//单击 D 点
指定下一点或 [闭合(C)/放弃(U)]：　　　　//单击 E 点
指定下一点或 [闭合(C)/放弃(U)]：　　　　//按 Enter 键结束命令

结果如图 1-16 所示。

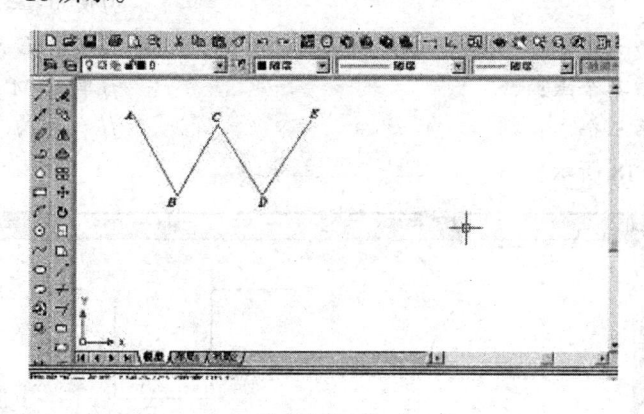

图 1-16 画线

2. 单击状态栏上的 正交 按钮，打开正交状态。

3. 在命令行输入画线命令的简称"L"，然后按 Enter 键，AutoCAD 提示如下。

命令：l　　　　　　　　　　　　　　　　//输入画线命令的简称
LINE 指定第一点：　　　　　　　　　　　//单击 F 点
指定下一点或 [放弃(U)]：　　　　　　　　//单击 G 点

指定下一点或 [放弃(U)]:　　　　　　　　　//单击 H 点
指定下一点或 [闭合(C)/放弃(U)]:　　　　//单击 I 点
指定下一点或 [闭合(C)/放弃(U)]:　　　　//单击 J 点
指定下一点或 [闭合(C)/放弃(U)]:　　　　//按 Enter 键结束命令
结果如图 1-17 所示。

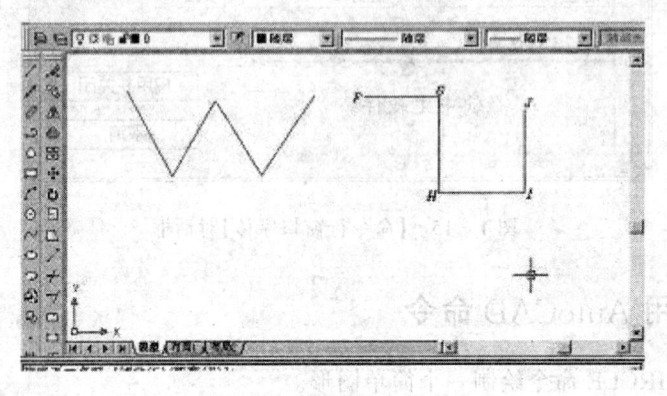

图 1-17　画水平及竖直线

4．在命令行输入画圆命令的全称"CIRCLE"，然后按 Enter 键，AutoCAD 提示如下。

命令：circle　　　　　　　　　　　　　　　　　//输入画圆命令的全称
指定圆的圆心或 [三点(3P)/两点(2P)/相切、相切、半径(T)]:　　//单击 K 点
指定圆的半径或 [直径(D)] <56.6350>: 56　　　//输入圆半径
命令：　　　　　　　　　　　　　　　　　　　　//按 Enter 键，重复命令
CIRCLE 指定圆的圆心或 [三点(3P)/两点(2P)/相切、相切、半径(T)]: 3p
　　　　　　　　　　　　　　　　　　　　　　　//使用"三点(3P)"选项
指定圆上的第一个点：　　　　　　　　　　　　//单击 L 点
指定圆上的第二个点：　　　　　　　　　　　　//单击 M 点
指定圆上的第三个点：　　　　　　　　　　　　//单击 N 点
结果如图 1-18 所示。

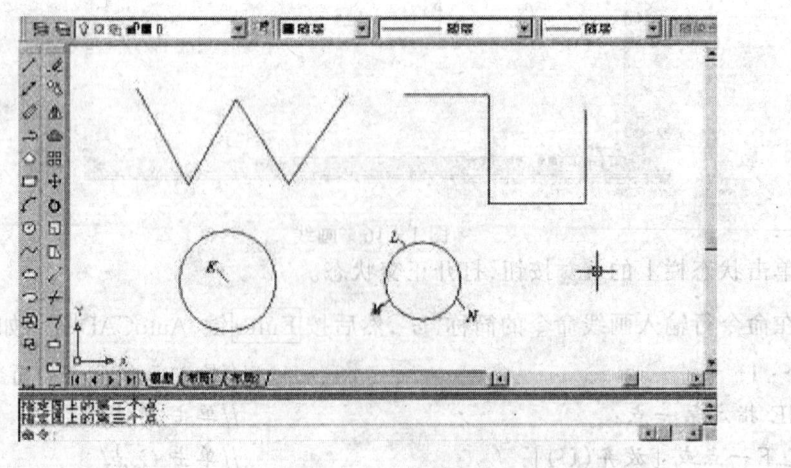

图 1-18　画圆

5. 按 Enter 键，重复画圆命令，再按 Esc 键，终止命令。

6. 单击【绘图】工具栏的 按钮（删除对象），AutoCAD 提示如下。

命令：_erase
选择对象：   //单击 A 点，如图 1-19 左图所示
指定对角点：找到 4 个   //单击 B 点
选择对象：   //单击 C 点
指定对角点：找到 4 个,总计 8 个   //单击 D 点
选择对象：   //按 Enter 键结束命令

结果如图 1-19 右部分所示。

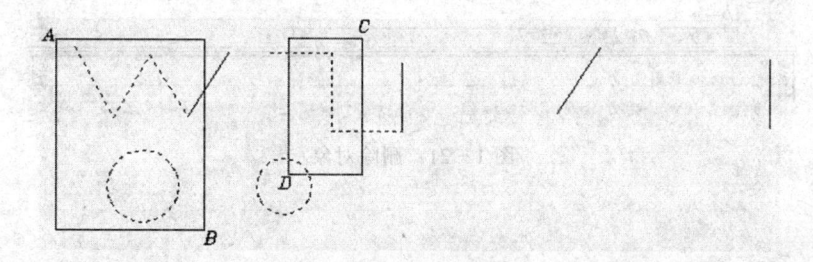

图 1-19　删除对象

7. 单击【标准】工具栏的 按钮，被删除的对象又被恢复，结果如图 1-20 所示。

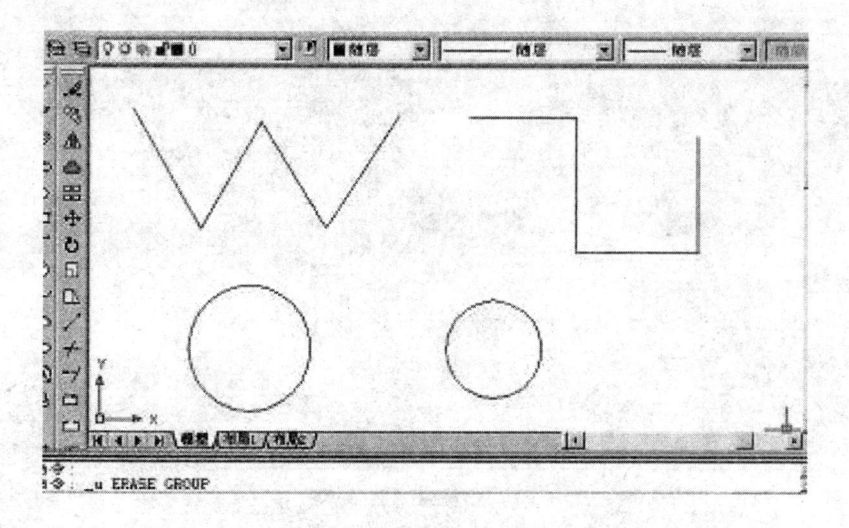

图 1-20　恢复被删除的对象

8. 选择两个圆，然后单击【绘图】工具栏的 按钮，结果如图 1-21 所示。

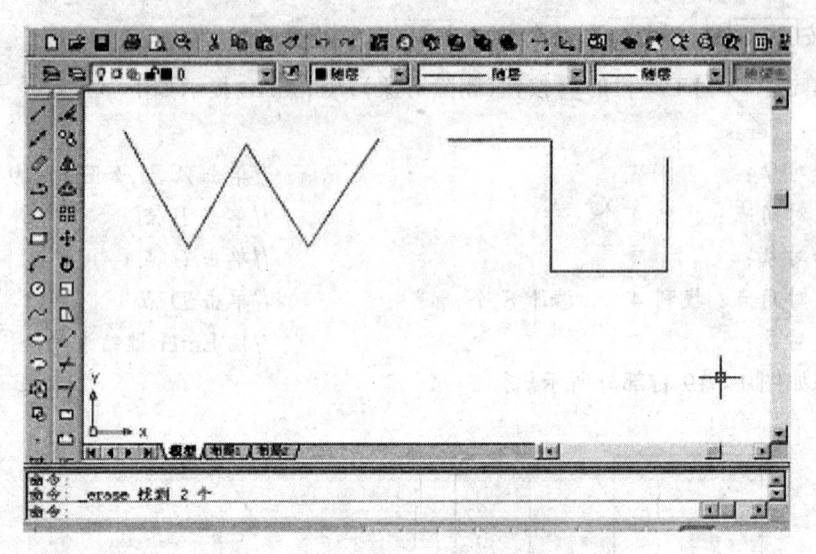

图1-21 删除对象

实训 2　辅助绘图工具

一、实训目的

1. 熟练掌握辅助绘图工具的使用方法。
2. 学会用各种坐标输入方式绘制图形。
3. 掌握图形显示命令的使用方法。

二、实训演练

项目一：用各种坐标输入方式绘制如图 2-1 所示的图形

1. 采用直角坐标绝对坐标输入法绘制图 2-1 所示正方形

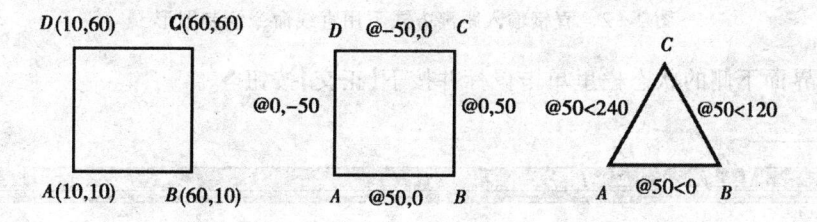

图 2-1　三种不同坐标输入方式下用直线命令绘制图形

命令:line⟨回车⟩
指定第一点：10,10⟨回车⟩(输入 A 点坐标)
指定下一点或[放弃(U)]：　60,10⟨回车⟩(输入 B 点坐标)
指定下一点或[放弃(U)]：　60,60⟨回车⟩(输入 C 点坐标)
指定下一点或[放弃(U)]：　10,60⟨回车⟩(输入 D 点坐标)
指定下一点或[放弃(U)]：　10,10⟨回车⟩(输入 A 点坐标闭合正方形)

2. 采用直角坐标相对坐标输入法绘制图 2-1 所示正方形

命令:line⟨回车⟩
指定第一点：10,10⟨回车⟩(输入 A 点坐标)
指定下一点或[放弃(U)]：　@50,0⟨回车⟩(输入 B 点坐标)
指定下一点或[放弃(U)]：　@0,50⟨回车⟩(输入 C 点坐标)
指定下一点或[放弃(U)]：　@-50,0⟨回车⟩(输入 D 点坐标)
指定下一点或[放弃(U)]：　@0,-50⟨回车⟩(输入 A 点坐标闭合正方形)

3. 采用极坐标相对坐标输入法绘制图 2-1 所示三角形

命令:line〈回车〉
指定第一点：10,10〈回车〉(输入 A 点坐标)
指定下一点或[放弃(U)]：　@50＜0〈回车〉(输入 B 点坐标)
指定下一点或[放弃(U)]：　@50＜120〈回车〉(输入 C 点坐标)
指定下一点或[放弃(U)]：　C〈回车〉(输入字母"C"闭合三角形)

项目二：用直接输入距离方式绘制如图 2-2 所示方框图

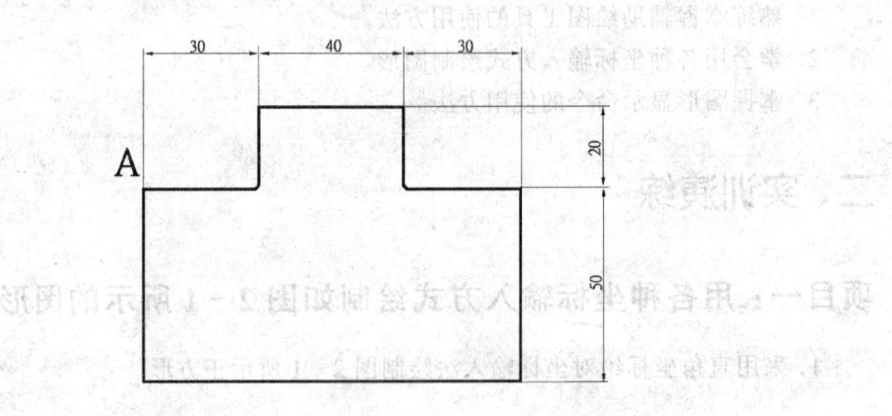

图 2-2　直接输入距离方式下用直线命令绘制图形

1．在界面下侧的状态栏里单击鼠标并按下【正交】按钮。

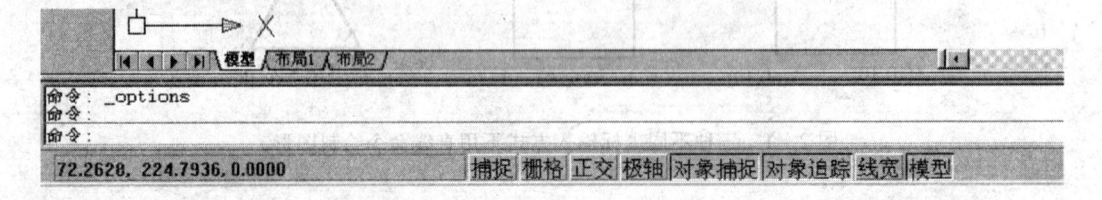

2．单击绘图工具栏上【直线】按钮，将鼠标移到屏幕上，单击确定第一点坐标后，移动鼠标保证光标拉出的"橡皮筋"朝向用户希望的方向。

3．在命令行中从 A 点依次输入距离 30、20、40、20、30、50、100、50。

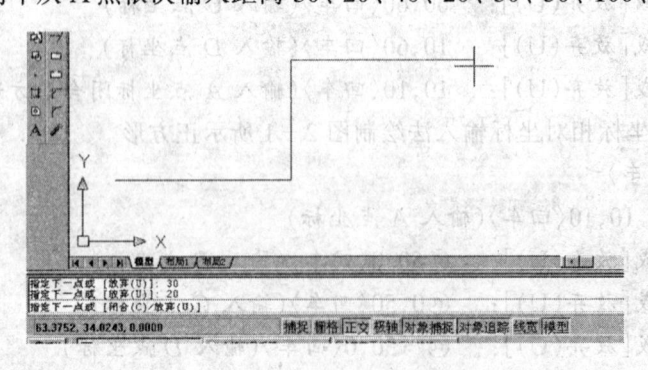

项目三：利用极轴追踪的方法绘制如图 2-3 所示五角星

图 2-3 利用极轴方式下用直线命令绘制图形

1. 在界面下侧的状态栏里单击鼠标并按下【极轴】按钮。

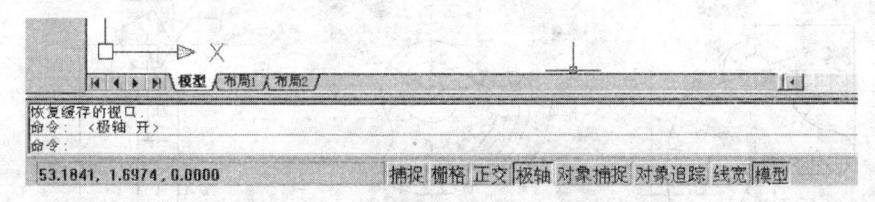

2. 在【极轴】按钮上右击鼠标，在弹出的快捷菜单中选择【设置】命令。

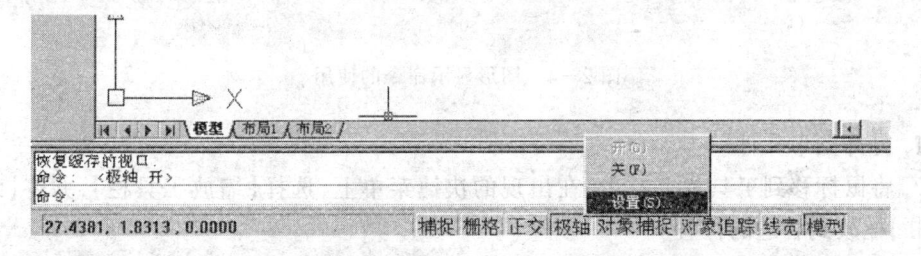

3. 在弹出的【草图设置】对话框中进行角度设置，在【增量角】中设置 36 度，按【确定】按钮。

4. 单击绘图工具栏上【直线】按钮，鼠标确定第一点坐标后，移动鼠标保证出现追踪的虚线射线，并且显示角度是用户希望的角度的前提下，输入距离 30〈回车〉。

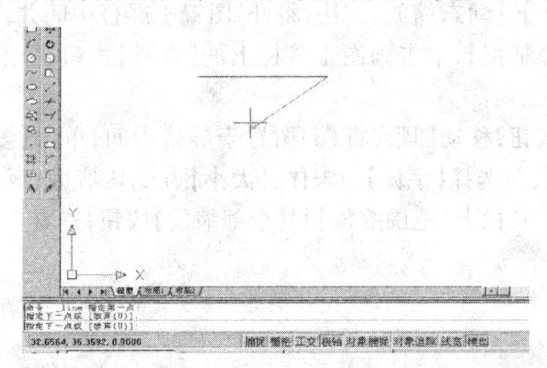

5. 用类似的方法，先移动光标到合适位置，确保出现追踪的虚线射线，并且显示角度是用户希望的角度的前提下，继续输入距离 30〈回车〉，直至完成五角星。

项目四：图形显示命令的使用

如图 2-4 所示

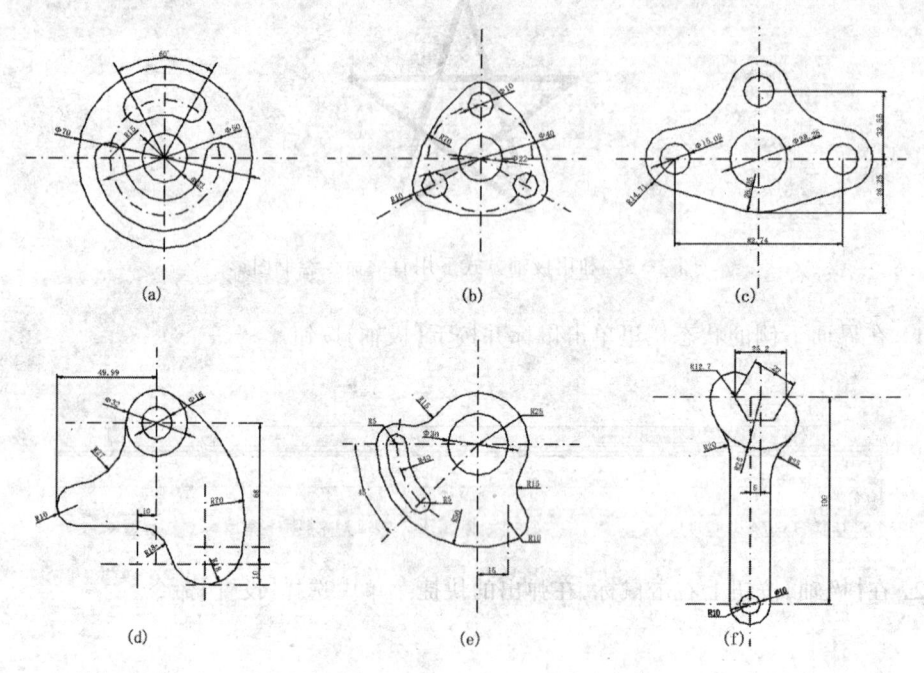

图 2-4　图形显示命令的使用

1. 打开图形文件。
2. 将鼠标移到工具栏上右击，在出现的快捷菜单上，选择【缩放工具栏】，并将【缩放工具栏】拖放到合适的位置。

3. 采用【窗口缩放】、【动态缩放】方法，将(b)图置于屏幕中间并占据整个屏幕。
4. 中状态栏【对象捕捉】，单击画图工具栏上的【直线】按钮，分别捕捉到三个小圆的圆心并画连接线。
  (1) 单击【平移】按钮，移动图形，将(d)图置于屏幕中间，单击【多行文字】按钮，将文字插入框选在(d)后面，并选择【字体】为宋体，【大小】为5，内容为：扳手。
  (2) 单击【缩放】工具栏上【范围缩放】和【全部缩放】按钮，查看全局效果。
5. 保存退出。

三、课后训练

利用点的绝对或相对坐标、正交模式或极轴追踪绘制图 2-5 至图 2-11 图形。

实训 2　辅助绘图工具

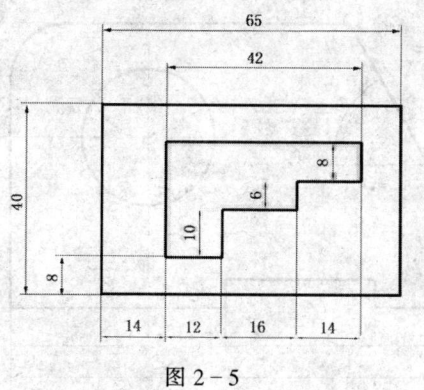

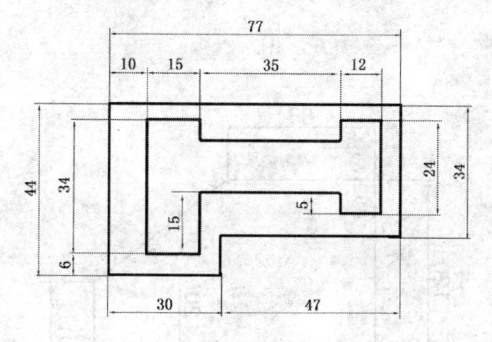

图 2-5

图 2-6

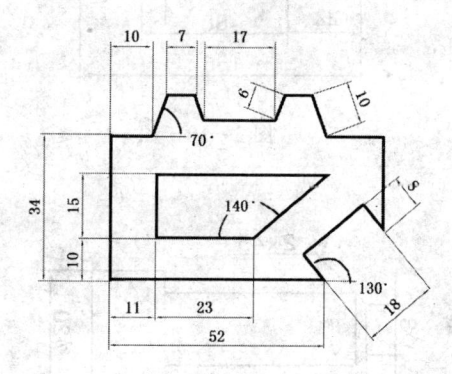

图 2-7

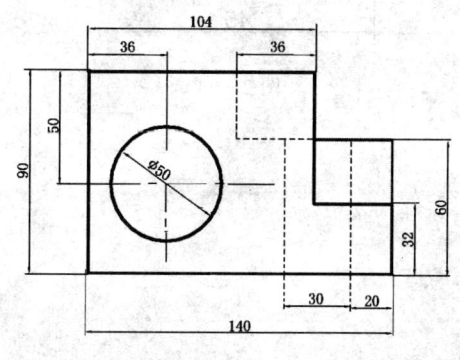

图 2-8

图 2-9

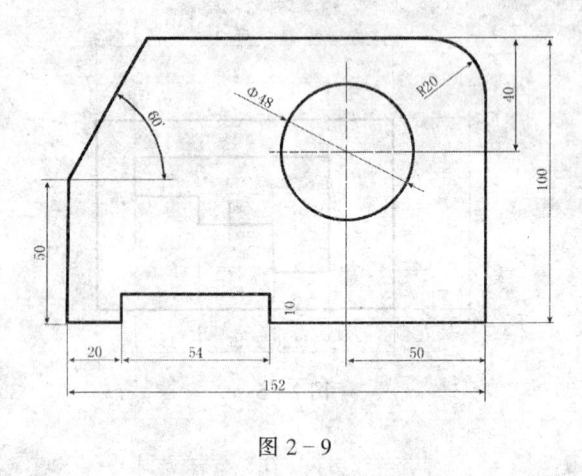

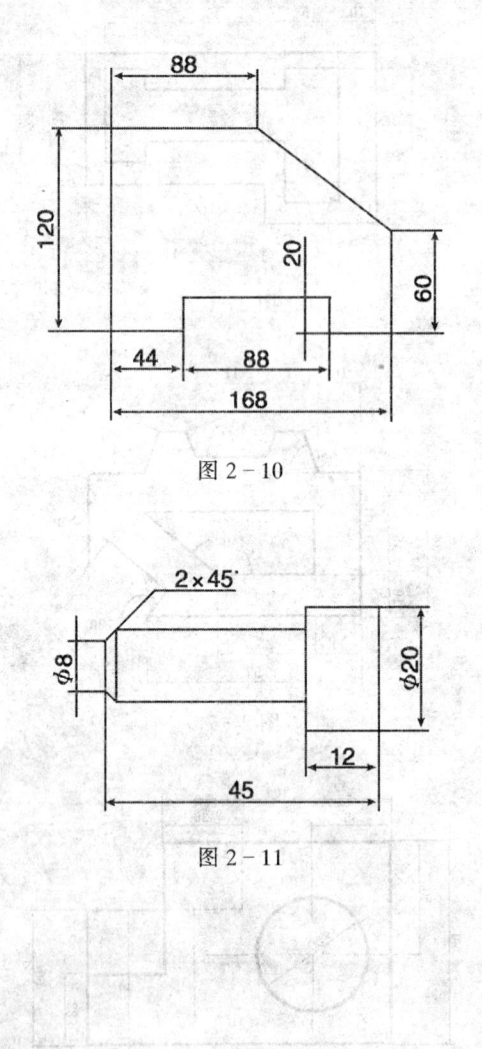

图 2-10

图 2-11

实训 3 基本绘图训练 1

一、实训目的

1. 掌握常用绘图命令的含义及功能。
2. 熟练掌握直线、圆、圆弧、圆环、多义线、矩形、多边形、椭圆等常用绘图命令的使用方法。
3. 掌握绘制图形的方法和技巧。

二、实训演练

项目一：绘制如图 3-1 所示图形

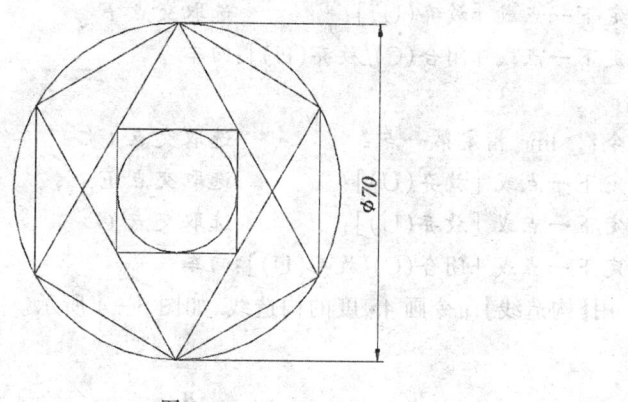

图 3-1

1. 运用样板文件新建图形。
2. 用【圆】命令绘制直径为 70 的圆。
3. 用【多边形】命令画正六边形,如图 3-2 所示。

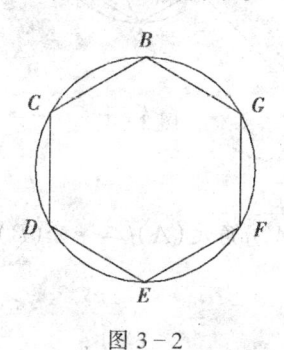

图 3-2

命令：_polygon 输入边的数目〈4〉：6
指定正多边形的中心点或 [边(E)]：
输入选项 [内接于圆(I)/外切于圆(C)]〈I〉：I
指定圆的半径：　　　　　　选取圆的四分点 B 点,如图 3-2 所示

4. 用【直线】命令画直线 CE、EG、DB、BF,如图 3-3 所示。

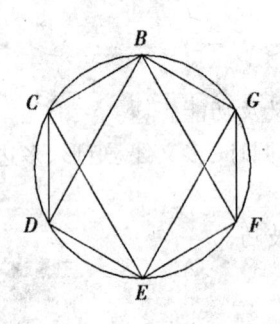

图 3-3

命令：_line 指定第一点：　　　选取交点 D
指定下一点或 [放弃(U)]：　　选取交点 B
指定下一点或 [放弃(U)]：　　选取交点 F
指定下一点或 [闭合(C)/放弃(U)]：回车

命令：_line 指定第一点：　　　选取交点 C
指定下一点或 [放弃(U)]：　　选取交点 E
指定下一点或 [放弃(U)]：　　选取交点 G
指定下一点或 [闭合(C)/放弃(U)]：回车

5. 用【构造线】命令画 45 度的构造线,如图 3-4 所示。

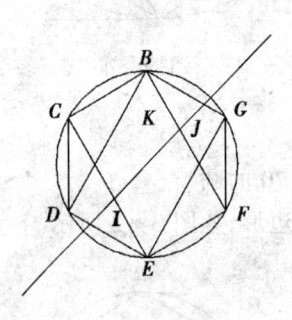

图 3-4

命令：xline
指定点或 [水平(H)/垂直(V)/角度(A)/二等分(B)/偏移(O)]：
指定通过点：@1<45
指定通过点：回车

6. 用【矩形】命令绘出矩形,如图 3-5 所示。

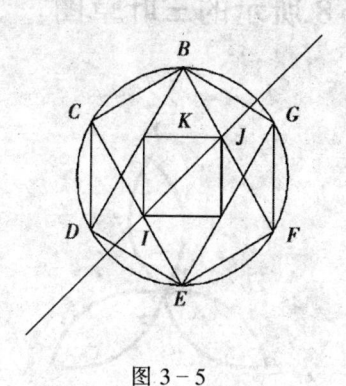

图 3-5

命令: _rectang
指定第一个角点或 [倒角(C)/标高(E)/圆角(F)/厚度(T)/宽度(W)]:
　　　　　　　　　　　　　　　　　　　　　选取交点 I
指定另一个角点或 [尺寸(D)]:　　　　　　　选取交点 J

7. 用【圆】命令绘制内圆。如图 3-6 所示。

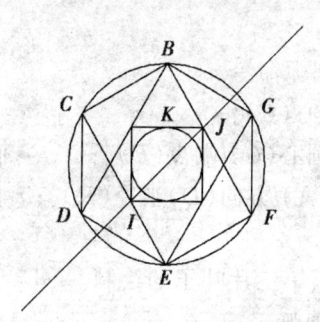

图 3-6

8. 用【删除】命令删除构造线。结果如图 3-7 所示。

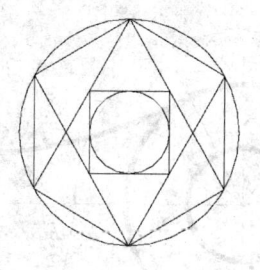

图 3-7

9. 用【保存】命令将图形赋名并保存。

项目二：绘制如图 3-8 所示的三叶草图

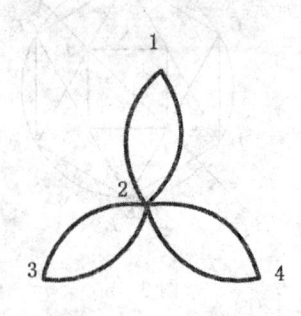

图 3-8

1．用【绘图】/【圆弧】命令，从弹出菜单中选"起点、端点、角度"画圆弧方式。

arc 指定圆弧的起点或[圆心(C)]： 输入圆弧起点 1

指定圆弧的第二个点或[圆心(C)/端点(E)]： 输入圆弧第二个点 2

指定圆弧的起点或[角度(A)/方向(D)半径(R)]：a

指定包含角：90 输入圆弧的包含角度值

2．点击回车键重复选择圆弧命令

arc 指定圆弧的起点或[圆心(C)]： 捕捉 2 点(输入圆弧起点 1)

指定圆弧的第二个点或[圆心(C)/端点(E)]： 捕捉 1 点(输入圆弧第二个点 2)

指定圆弧的起点或[角度(A)/方向(D)半径(R)]：a

指定包含角：90 输入圆弧的包含角度值

3．依此类推，绘制第二片、第三片叶子的绘制。

说明：所画圆弧是逆时针画弧。

项目三：绘制如图 3-9 所示的图形

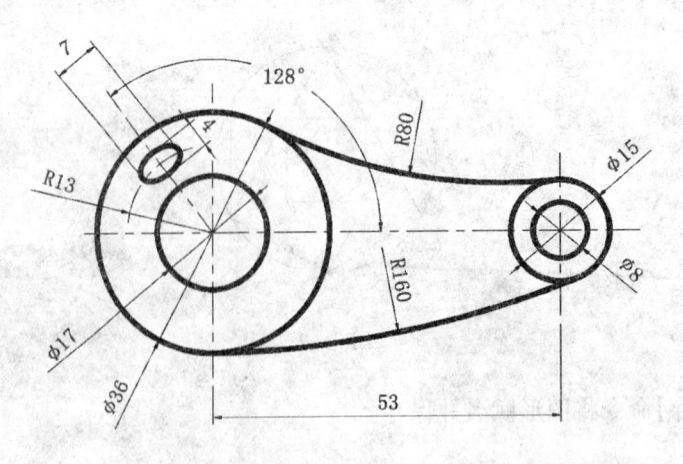

图 3-9

1. 运用样板文件新建图形。
2. 将"中心线"层置为当前层,设置极轴追踪的角度为128度。
3. 用【圆】、【直线】、【打断】命令结合极轴追踪绘制中心线。如图3-10。

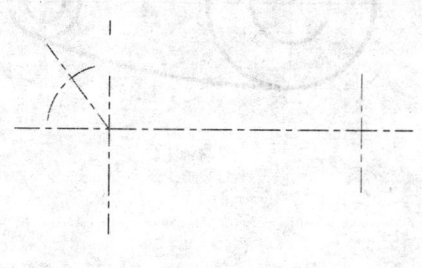

图 3-10

4. 将"轮廓线"层置为当前层,用【圆】命令绘制4个圆。如图3-11。

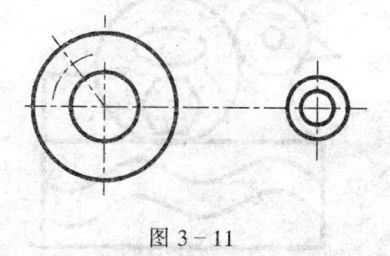

图 3-11

5. 用【椭圆】命令结合对象捕捉、极轴追踪绘制椭圆,如图3-12。

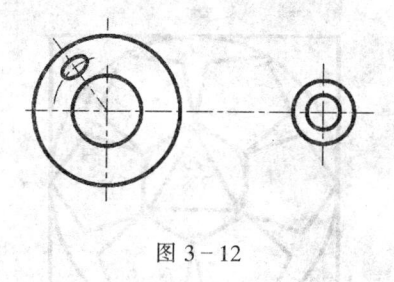

图 3-12

6. 用【圆】命令TTR方式绘制2个外切圆。如图3-13。

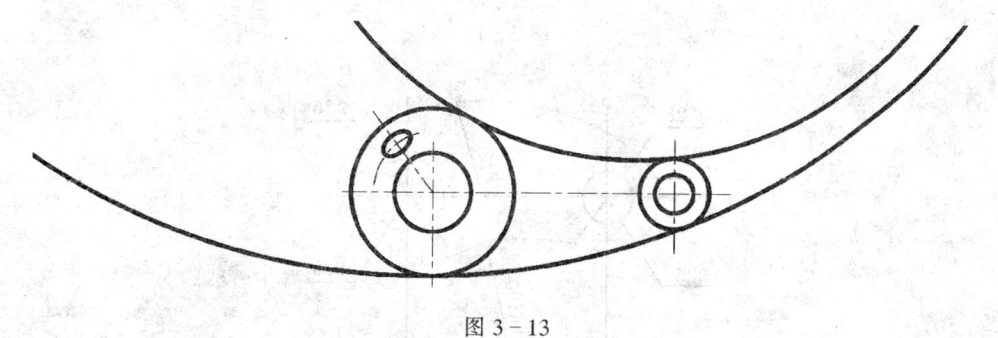

图 3-13

7. 用【修剪】命令修剪圆弧,结果如图3-14。

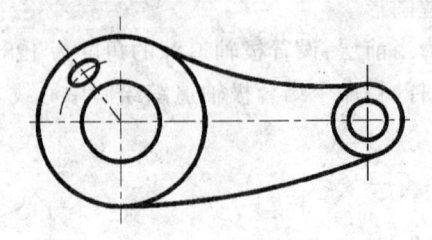

图 3-14

三、课后训练

绘制以下如图 3-15 至图 3-22 所示图形。

图 3-15

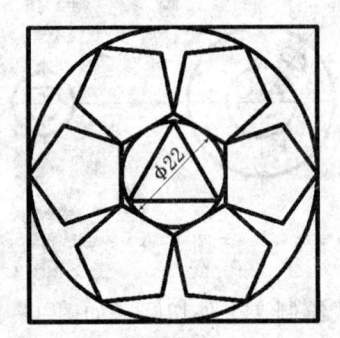

图 3-16

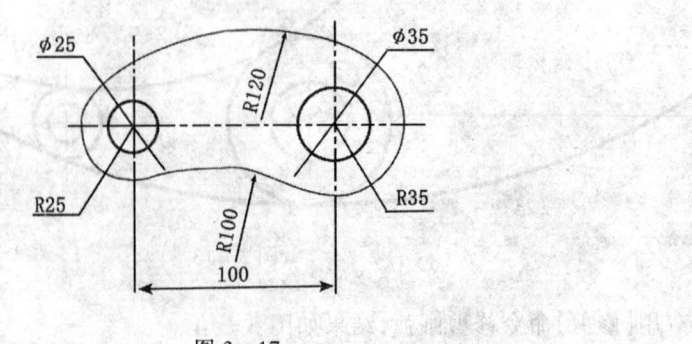

图 3-17

实训3　基本绘图训练1

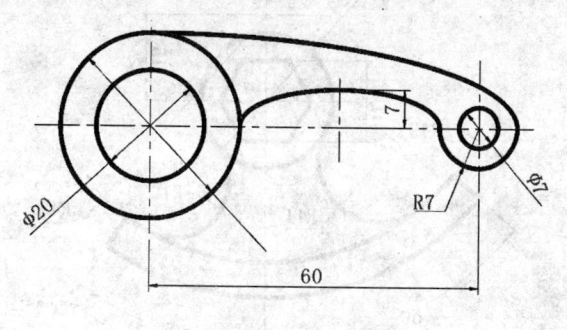

图 3-18

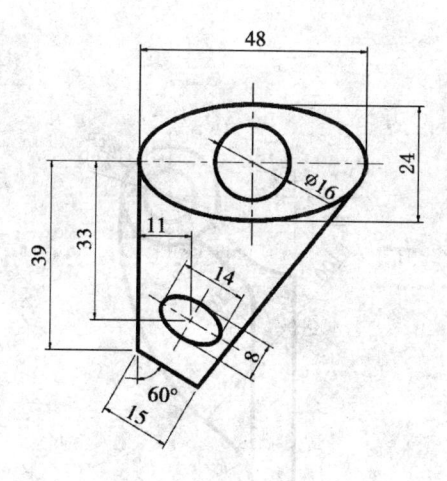

图 3-19

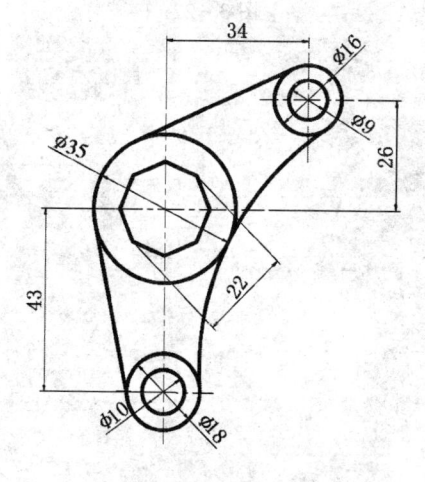

图 3-20

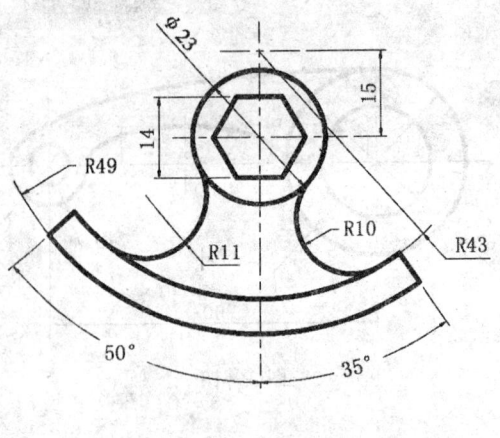

图 3-21

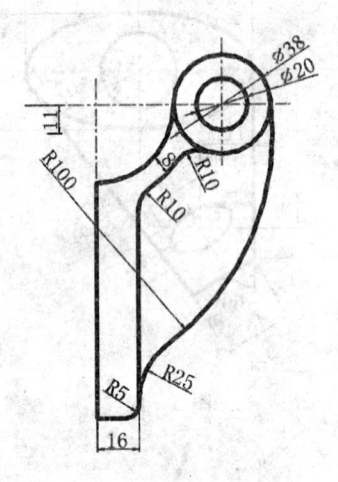

图 3-22

实训 4　基本绘图训练 2

一、实训目的

1. 熟练掌握常用绘图命令的使用方法。
2. 掌握绘制图形的方法和技巧。

二、实训演练

项目一：绘制如图 4-1 所示图形

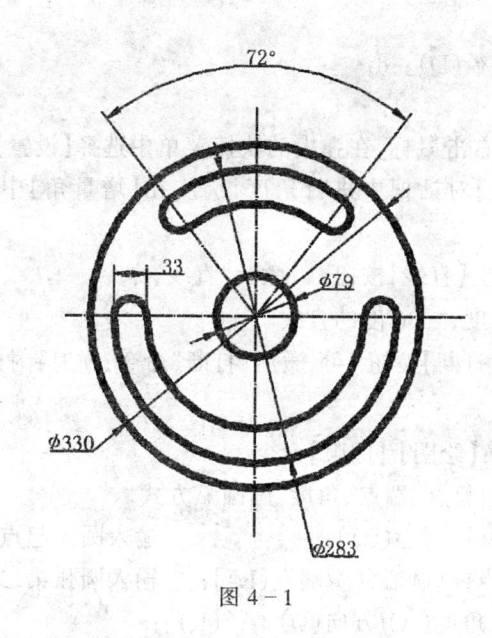

图 4-1

（一）绘制圆 $\Phi79$、$\Phi330$ 及其中心线

1. 在界面下侧的状态栏里单击鼠标并确保按下【正交】按钮。
2. 单击绘图工具栏上【直线】按钮，激活直线命令。
3. 绘制两条垂直的对称中心线。
4. 在界面下侧的状态栏里单击鼠标并确保按下【对象捕捉】按钮。
5. 单击绘图工具栏上【圆】按钮，激活圆命令。
6. 指定圆的圆心或[三点(3P)/两点(2P)/相切\相切\半径(T)]:捕捉中心线交点为圆心。

指定圆的半径或[直径(D)]:d

指定圆的直径:79

回车键重复圆的命令

7. 指定圆的圆心或[三点(3P)/两点(2P)/相切\相切\半径(T)]:捕捉中心线交点为圆心。

指定圆的半径或[直径(D)]:d

指定圆的直径:330

(二) 绘制圆 Φ250、Φ283 并打断

1. 回车键重复圆的命令。

指定圆的圆心或[三点(3P)/两点(2P)/相切\相切\半径(T)]:捕捉中心线交点为圆心

指定圆的半径或[直径(D)]:d

指定圆的直径:250

回车键重复圆的命令

指定圆的圆心或[三点(3P)/两点(2P)/相切\相切\半径(T)]:捕捉中心线交点为圆心

指定圆的半径或[直径(D)]:d

指定圆的直径:283

2. 在【极轴】按钮上右击鼠标,在弹出的快捷菜单中选择【设置】命令。

在弹出的【草图设置】对话框中进行角度设置,在【增量角】中设置36度,按【确定】按钮。

3. 单击绘图工具栏上【直线】按钮，激活"直线"命令。

绘制两条角度为36度,-36度的直线。

单击绘图工具栏上【打断】按钮，激活"打断"命令;逆时针打断部分圆弧。

(三) 绘制四条圆弧

1. 从下拉菜单选取:【绘图】/【圆弧】命令。

2. 从弹出菜单中选"起点、端点、角度"画圆弧方式。

arc 指定圆弧的起点或[圆心(C)]:　　　　输入圆弧起点1

指定圆弧的第二个点或[圆心(C)/端点(E)]:　输入圆弧第二个点2

指定圆弧的起点或[角度(A)/方向(D)半径(R)]:a

指定包含角 180　　　　　　　　　　　输入圆弧的包含角度值

点击回车键重复选择圆弧命令,同上步骤完成四条圆弧的绘制,注意圆弧是逆时针画弧。

项目二:绘制如图4-2所示的手柄图形

1. 公制默认设置创建图形文件。

2. 用【图层】命令设置图层,创建【中心线】、【轮廓线】两个图层,并编辑图层特性。

3. 将【轮廓线】层设为当前层,用【矩形】命令绘制矩形。

4. 将【中心线】层设为当前层,使用【直线】、【捕捉】中点命令配合绘制出图形的中心线。

实训 4 基本绘图训练 2

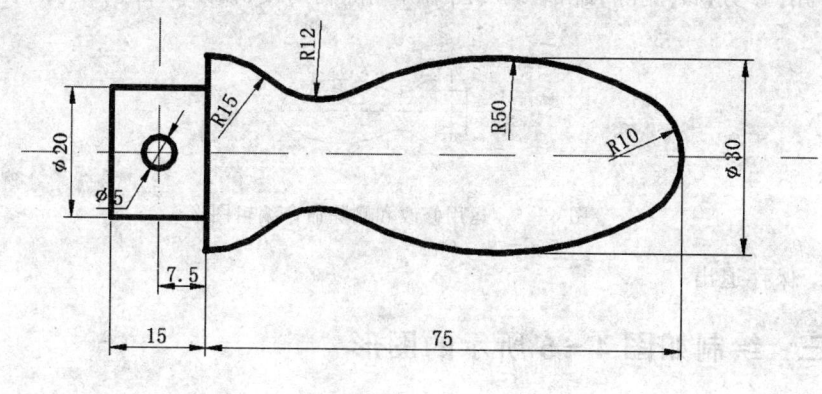

图 4-2

5. 将【轮廓线】层设为当前层,单击绘图工具栏上【圆】按钮，将鼠标移到两直线交点处,出现捕捉光标时单击画圆,在命令行中直径(D)后面输入 5,并回车。用同样的方法在其他两个直线交点处画圆 R15,如图 4-3 所示。

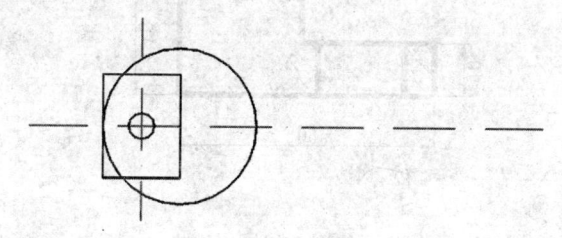

图 4-3 绘制中心线、圆、矩形

6. 单击修改工具栏上【偏移】按钮，在出现的命令行中"指定偏移距离或 [通过 (T)]〈21.6505〉"后面输入 15,并回车。用鼠标分别选取中心线,并分别在中心线上、下侧单击,出现两条中心线偏移后的直线。

7. 选中矩形并单击修改工具栏上【打散】按钮，将矩形分解,单击修改工具栏上【偏移】按钮，在出现的命令行中"指定偏移距离或 [通过(T)]〈15.00〉"后面输入 65,并回车。用鼠标分别选取矩形右边直线,在此直线右边单击,绘制辅助线和圆。

8. 用【圆】按钮，依据辅助线绘制两个相切圆,如图 4-4。

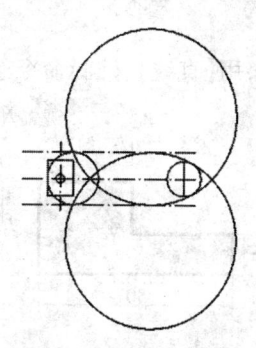

图 4-4 绘制相切圆

9. 用【修剪】和【删除】命令,编辑图形并删除辅助线,如图 4-5。

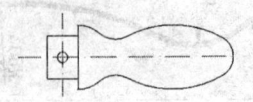

图 4-5　运用修改和删除命令编辑图形

10. 保存退出。

项目三：绘制如图 4-6 所示的图形

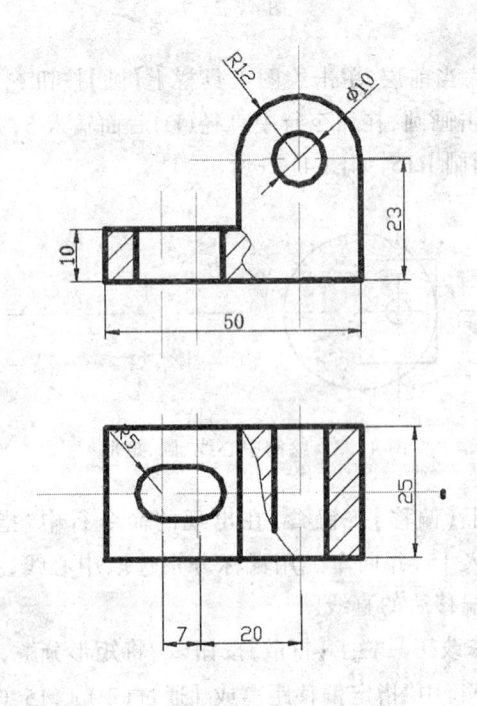

图 4-6

1. 用样板文件新建图形,用【图层】命令设置图层,创建【中心线】、【轮廓线】、【细实线】三个图层,并编辑图层特性。

2. 将【轮廓线】层设为当前层,用【直线】、【圆】命令绘制外部轮廓;如图 4-7。

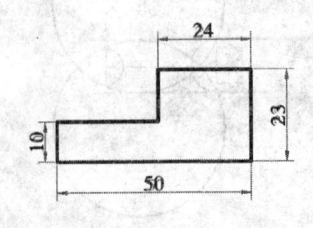

图 4-7

3. 将【中心线】层设为当前层,使用【直线】、【捕捉】中点命令配合绘制出图形的中心线,单击修改工具栏上【偏移】按钮,在出现的命令行中"指定偏移距离或【通过(T)】"后面输入20回车。用鼠标分别选取中心线,在中心线左侧单击,出现一条偏移后的中心线,继续单击修改工具栏上【偏移】按钮,在出现的命令行中"指定偏移距离或【通过(T)】"后面输入7回车。用鼠标分别选取中心线,在中心线左侧单击,出现一条偏移后的中心线。如图4-8。

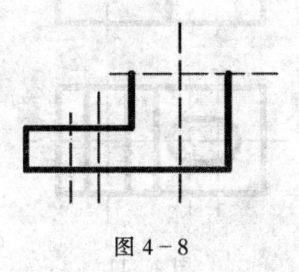

图 4-8

4. 将【轮廓线】层设为当前层,单击绘图工具栏上【圆】按钮,将鼠标移到两直线交点处,出现捕捉光标时单击画圆,在命令行中直径(D)后面输入10回车。同样的方法在二个中心线交点处画圆R12,并修剪成半圆。如图4-9。

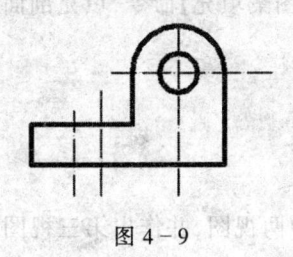

图 4-9

5. 设置"捕捉"到"端点"为持续捕捉,激活状态栏上【对象追踪】按钮,激活【直线】命令,光标在图形最右边端点上悬停,直到出现小十字图标,然后竖直向下拉出追踪虚线,直接输入直线距离方法绘制俯视图外框。如图4-10。

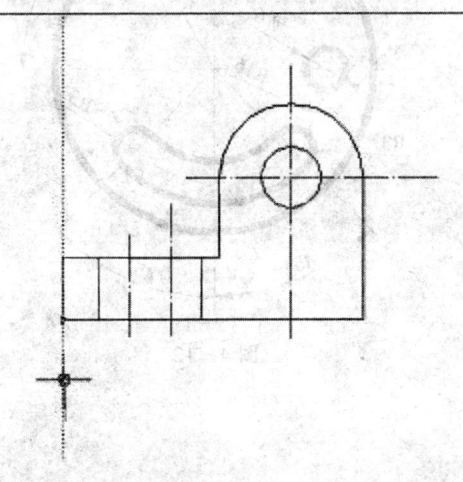

图 4-10

6. 继续利用【对象追踪】、【直线】按钮、【圆】按钮补全俯视图,将图中圆修剪成圆弧。如图 4-11。

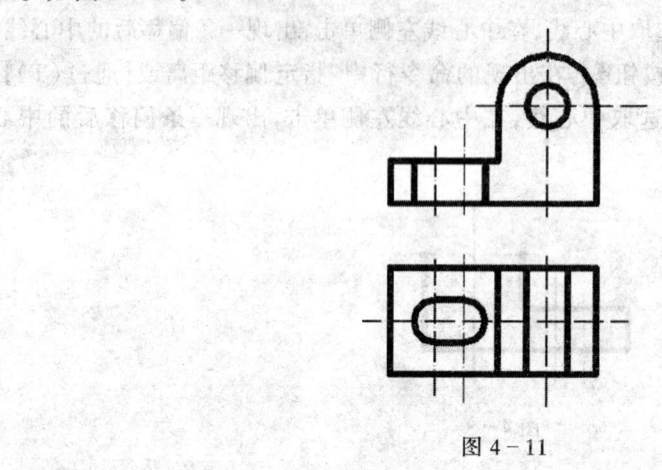

图 4-11

7. 用【样条线】按钮命令,绘制图中两条样条线,注意状态栏中【正交】、【对象捕捉】要关闭。

8. 用【绘图】下拉菜单中的【图案填充】命令,填充剖面线。

9. 保存退出。

三、课后训练

绘出图 4-12 至图 4-18 中两视图,并作出第三视图。

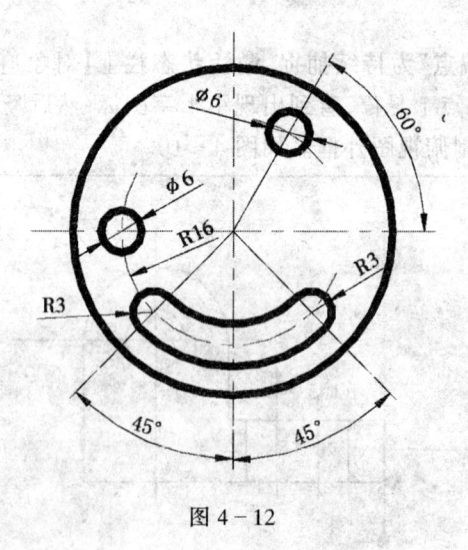

图 4-12

实训 4　基本绘图训练 2

图 4-13

图 4-14

图 4-15

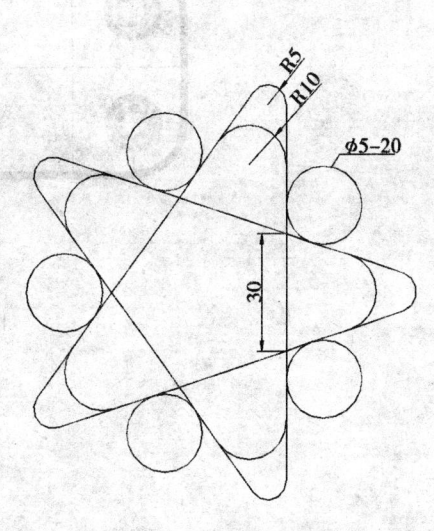

图 4-16

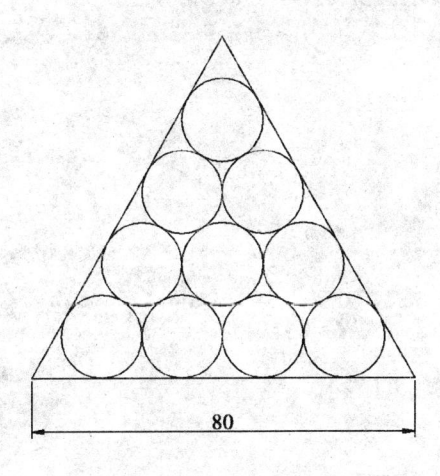

图 4-17

图 4-18

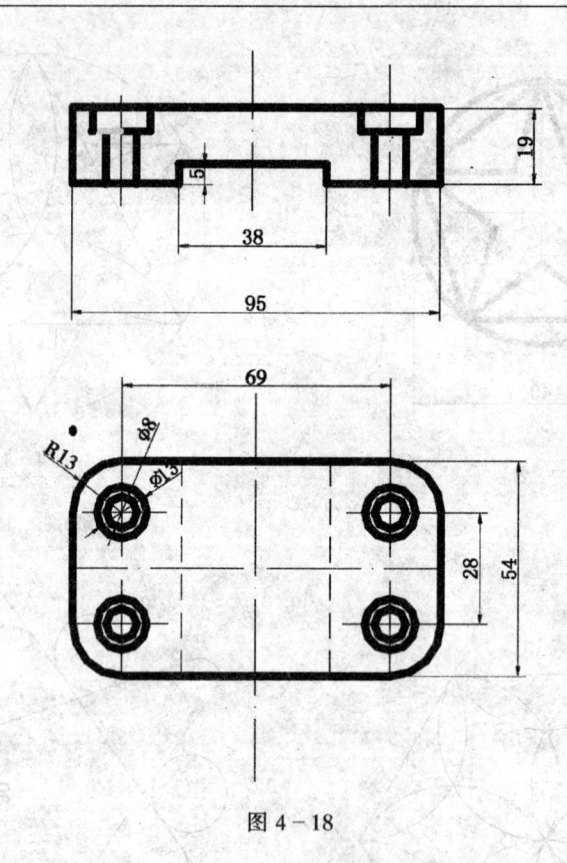

实训 5　二维图形编辑 1

一、实训目的

1. 掌握常用修改命令的含义及功能。
2. 熟练掌握常用修改命令的使用。
3. 掌握绘制和编辑图形的方法和技巧。

二、实训演练

项目一：绘制如图 5-1 所示图形

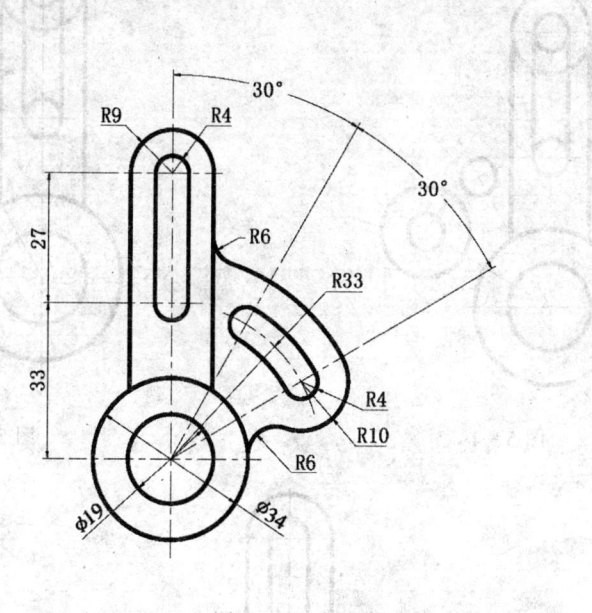

图 5-1

1. 运用样板文件新建图形。
2. 将"中心线"层设为当前层,根据绘图要求设置极轴追踪的角度为 30 度,打开"对象捕捉"模式,用【直线】、【偏移】和【圆弧】命令绘制中心线,如图 5-2 所示。
3. 用【圆】命令画圆,如图 5-3 所示。
4. 打开"对象捕捉""正交"模式,捕捉交点,用【直线】命令画直线,如图 5-4 所示。
5. 用【圆弧】命令画圆弧,如图 5-5 所示。
6. 用【修剪】命令编辑图形,如图 5-6 所示。

图 5-2

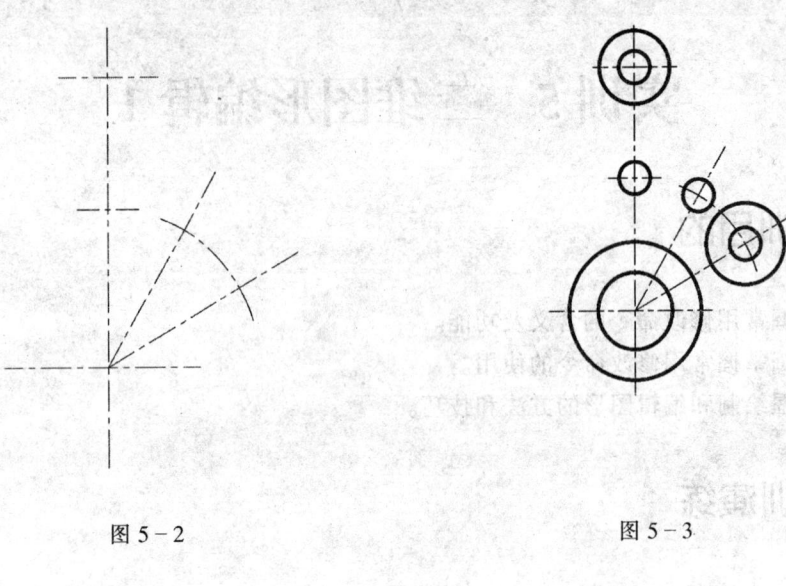

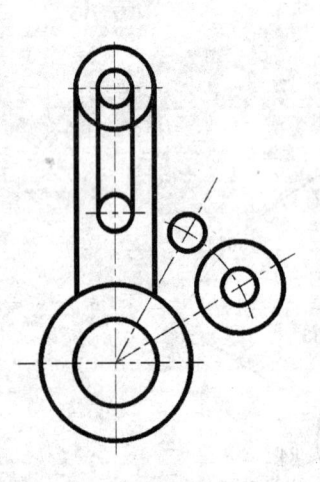

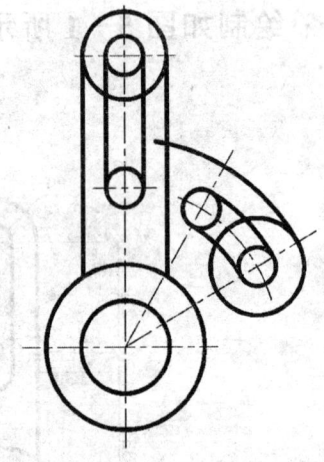

图 5-3

图 5-4

图 5-5

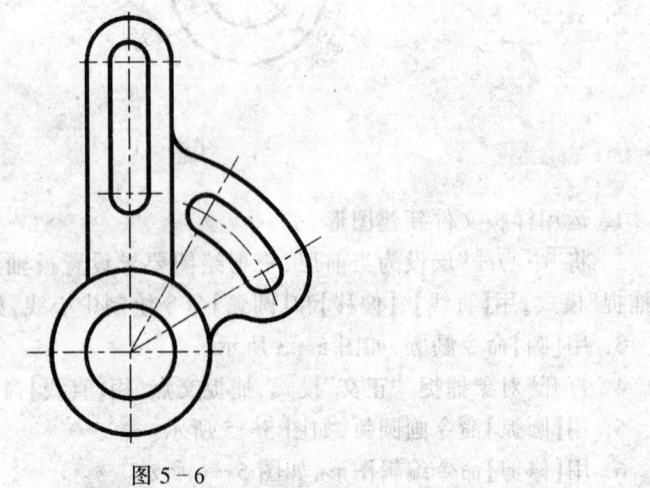

图 5-6

7. 将"标注"层设为当前层,进行尺寸标注,如图 5-1 所示。
8. 用【保存】命令将图形赋名并保存。

项目二: 绘制如图 5-7 所示图形

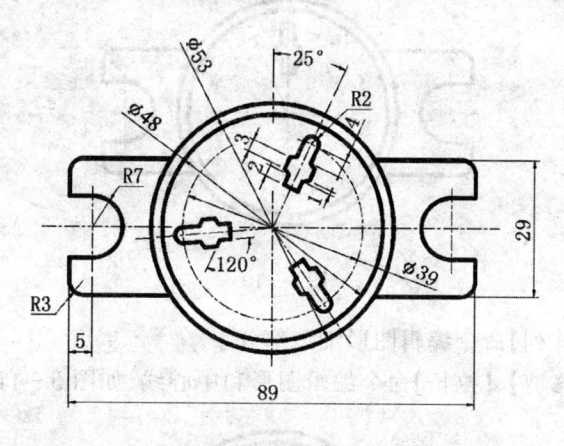

图 5-7

1. 运用样板文件新建图形。
2. 将"中心线"层设为当前层,根据绘图要求设置极轴追踪的角度为 65 度,打开"对象捕捉"模式,用【直线】、【偏移】、【阵列】和【圆】命令绘制中心线,如图 5-8 所示。

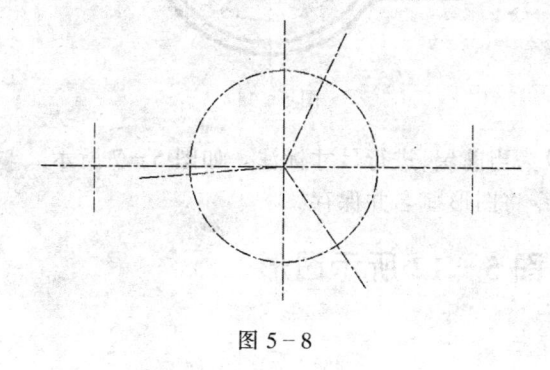

图 5-8

3. 将"轮廓线"层设为当前层,采用"对象捕捉"、"捕捉自"模式,用【矩形】、【圆】、【直线】命令绘制图形的外轮廓。
4. 用【修剪】和【镜像】命令编辑图形,将图中的对称部分进行镜像,如图 5-9 所示。

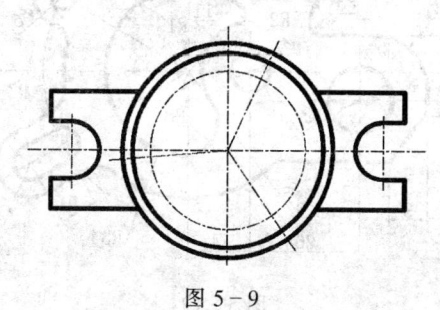

图 5-9

5. 用【圆角】和【修剪】命令编辑图形。
6. 用【圆】、【构造线】、【偏移】、【修剪】和【删除】命令绘制图形细节部分,如图 5-10 所示。

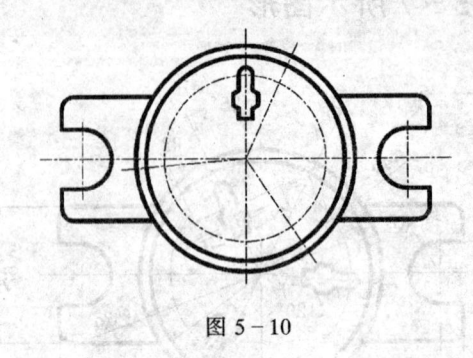

图 5-10

7. 用【旋转】、【阵列】命令编辑图形细节部分。
8. 用【打断】、【修剪】、【拉长】命令编辑图形和中心线,如图 5-11 所示。

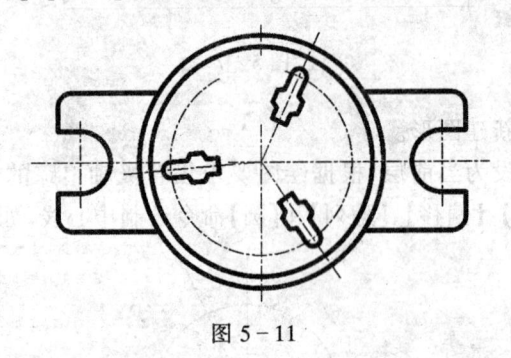

图 5-11

9. 将"标注"层设为当前层,进行尺寸标注。如图 5-7 所示。
10. 用【保存】命令将图形赋名并保存。

项目三:绘制如图 5-12 所示图形

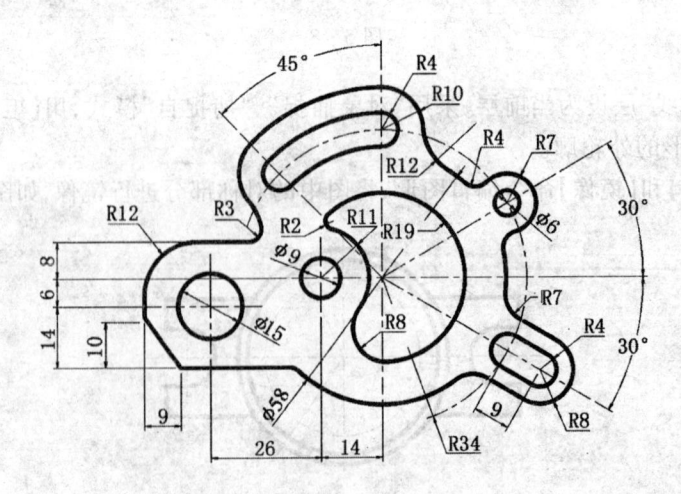

图 5-12

1. 运用样板文件新建图形。
2. 将"中心线"层设为当前层,根据绘图要求设置极轴追踪的角度为15°,打开"对象捕捉"模式,用【直线】、【偏移】、【圆】和【打断】命令绘制中心线,如图5-13所示。

图 5-13

3. 用【圆】命令绘制圆,如图 5-14 所示。

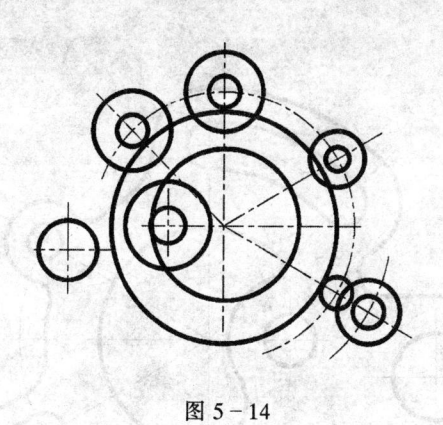

图 5-14

4. 用【圆】命令画圆并用【修剪】命令修剪多余部分,用【圆角】命令绘制过渡圆弧,如图 5-15 所示。

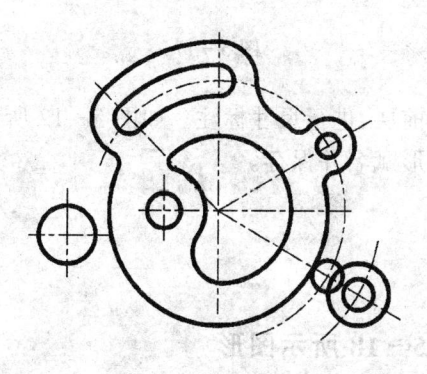

图 5-15

5. 用【偏移】命令进行偏移,并将其线型改为"轮廓"层线型,如图 5-16 所示。

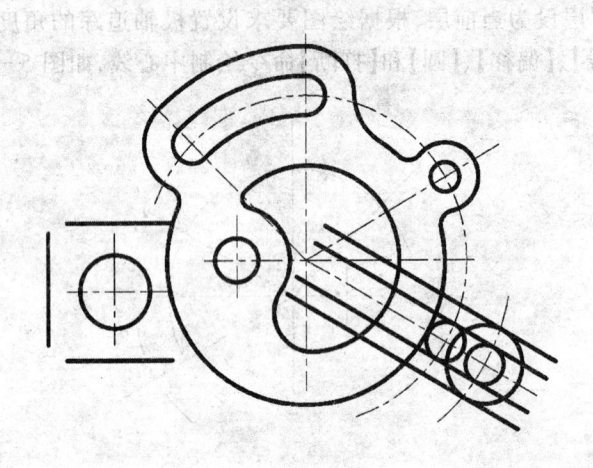

图 5-16

6. 用【圆角】命令绘制过渡圆弧,用【倒角】命令倒角,用【修剪】命令修剪多余部分,如图 5-17 所示。

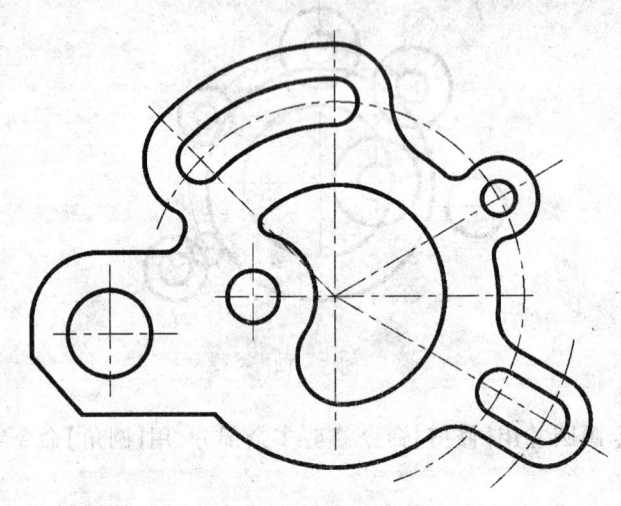

图 5-17

7. 将"标注"层设为当前层,进行尺寸标注。如图 5-12 所示。
8. 用【保存】命令将图形赋名并保存。

三、课后训练

练习一：绘制如图 5-18 所示图形

图 5-18

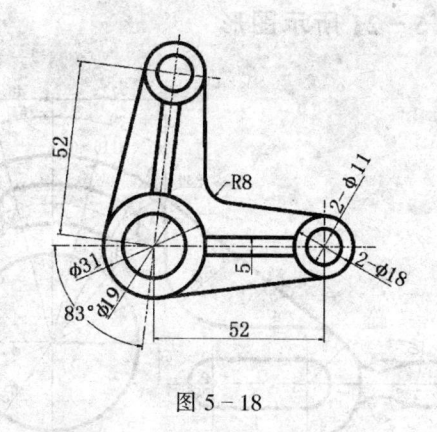

练习二：绘制如图 5-19 所示图形

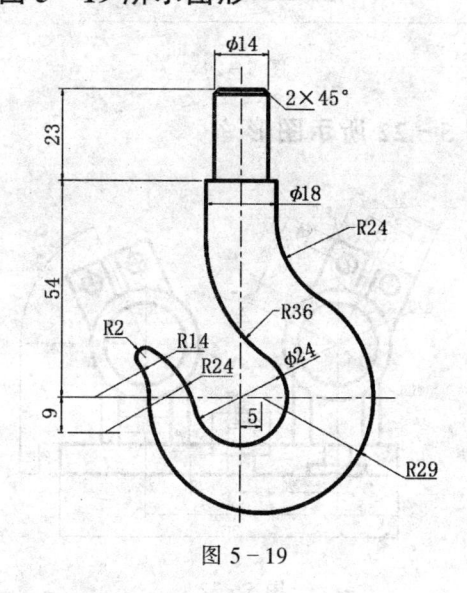

图 5-19

练习三：绘制如图 5-20 所示图形

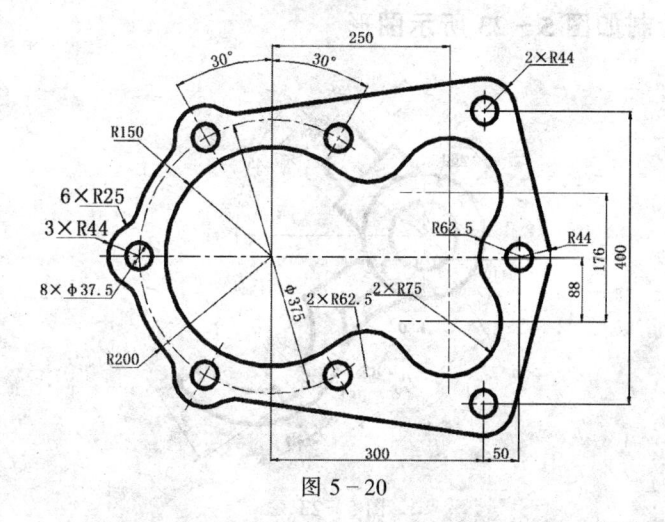

图 5-20

练习四：绘制如图 5-21 所示图形

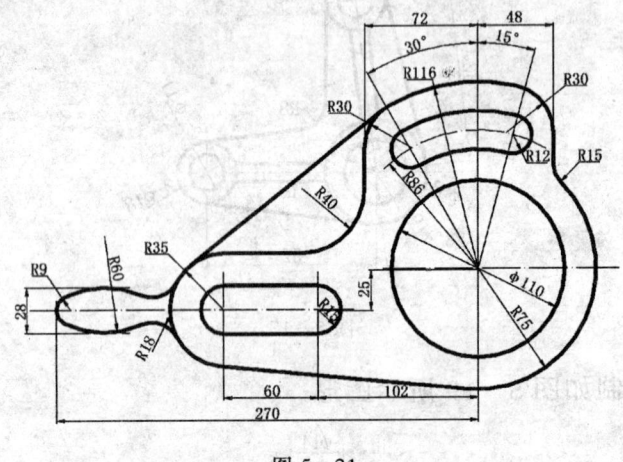

图 5-21

练习五：绘制如图 5-22 所示图形

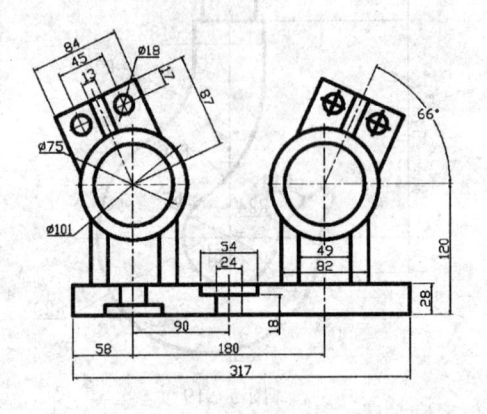

图 5-22

练习六：绘制如图 5-23 所示图形

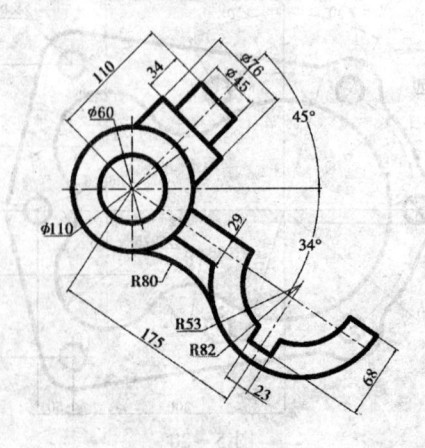

图 5-23

实训6 二维图形编辑2

一、实训目的

1. 进一步掌握常用修改命令的含义及功能。
2. 熟练掌握常用修改命令的使用。
3. 进一步掌握绘制和编辑图形的方法和技巧。

二、实训演练

项目一：绘制如图6-1所示图形

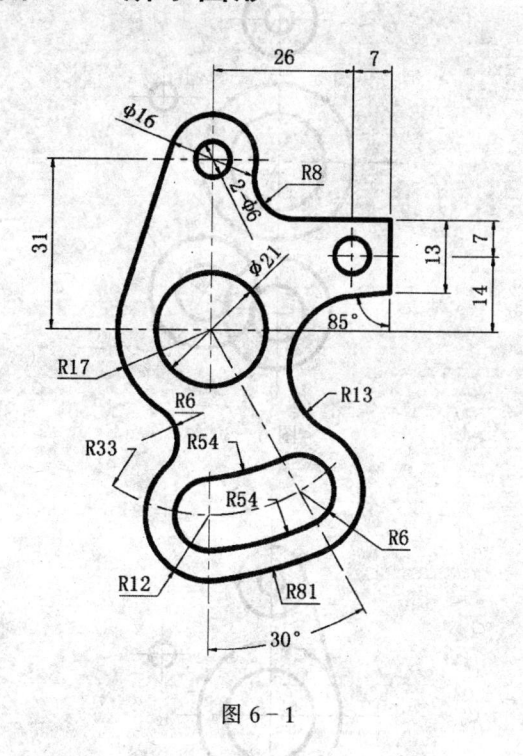

图6-1

1. 运用样板文件新建图形。
2. 将"中心线"层设为当前层,设置极轴追踪的角度为30度、附加角为185度,打开"对象捕捉"、"极轴追踪"模式,用【直线】、【偏移】和【圆弧】命令绘制中心线,如图6-2所示。
3. 用【圆】命令画圆,如图6-3所示。
4. 打开"对象捕捉""正交"模式,捕捉切点,用【直线】命令画直线,用【圆角】命令倒圆角,绘制左边部分图形,如图6-4所示。

图 6-2

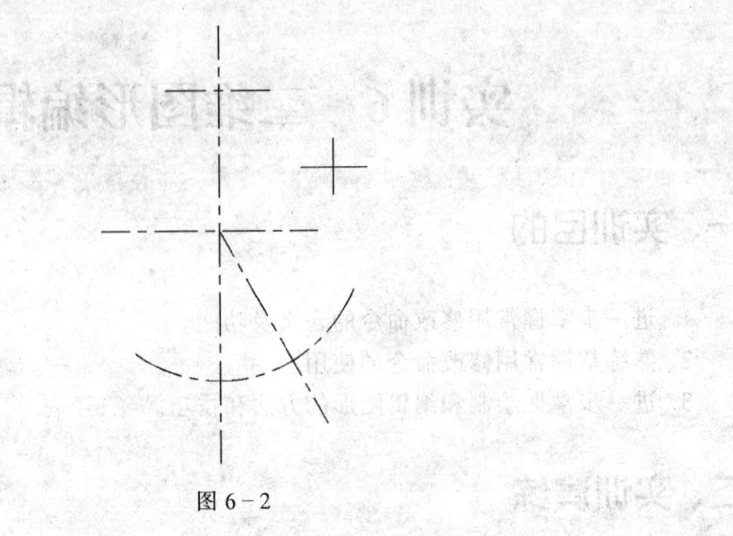

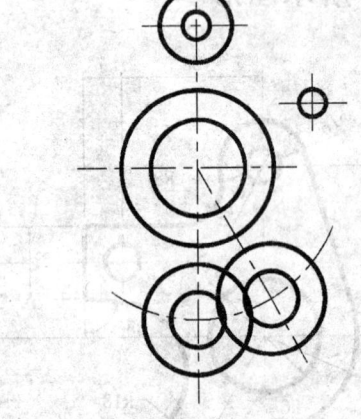

图 6-3

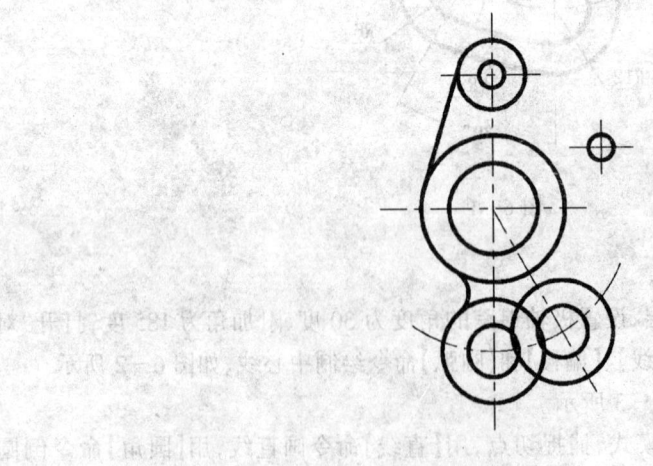

图 6-4

5. 用【偏移】命令进行偏移，采用"捕捉自"模式，用【直线】命令画直线，绘制右边部分图形，如图 6-5 所示。

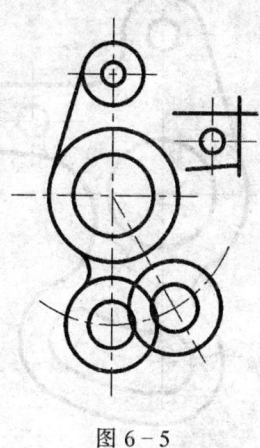

图 6-5

6. 用【圆弧】命令绘制右边其他部分图形，如图 6-6 所示。

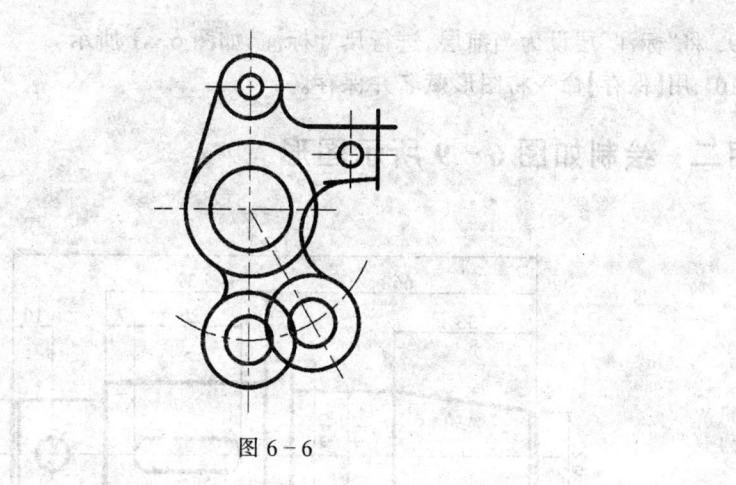

图 6-6

7. 用【圆弧】命令绘制图形，如图 6-7 所示。

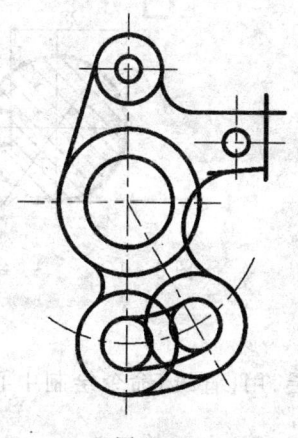

图 6-7

8. 用【修剪】命令修剪多余部分，如图 6-8 所示。

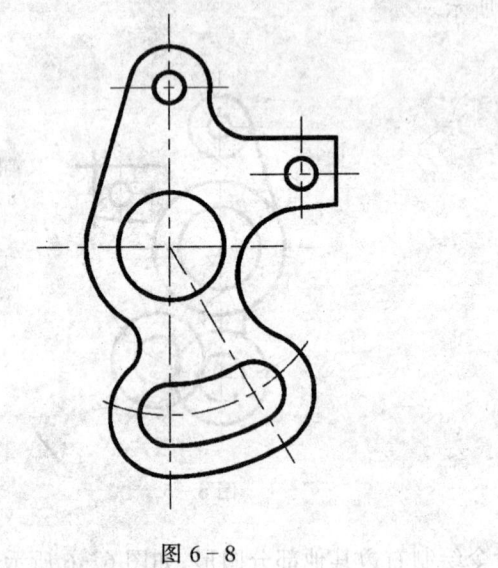

图 6-8

9. 将"标注"层设为当前层，进行尺寸标注，如图 6-1 所示。
10. 用【保存】命令将图形赋名并保存。

项目二：绘制如图 6-9 所示图形

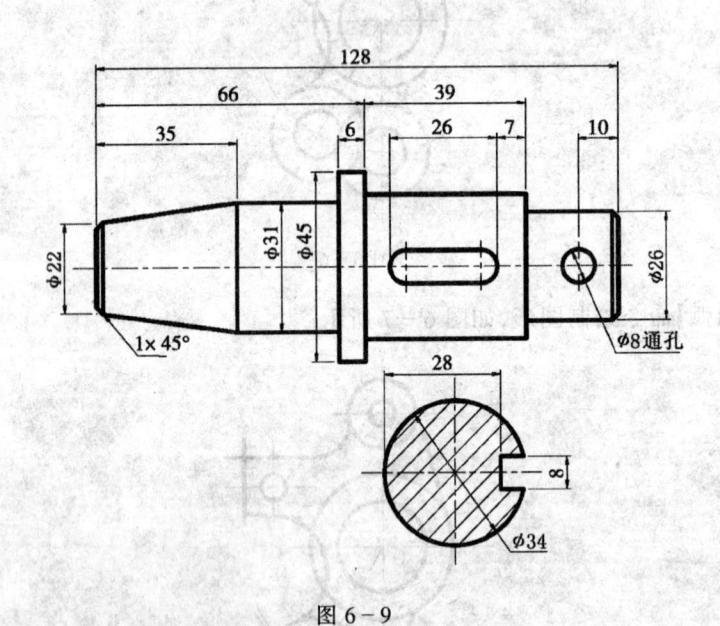

图 6-9

1. 运用样板文件新建图形。
2. 将"轮廓线"层设为当前层，用【直线】命令绘制中心线和左边轮廓线，如图 6-10 所示。

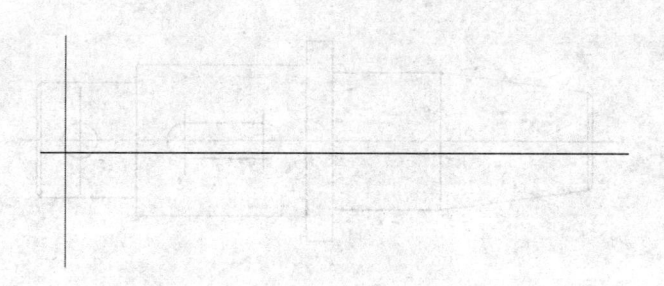

图 6-10

3. 用【偏移】命令将中心线和轮廓线进行偏移,如图 6-11 所示。

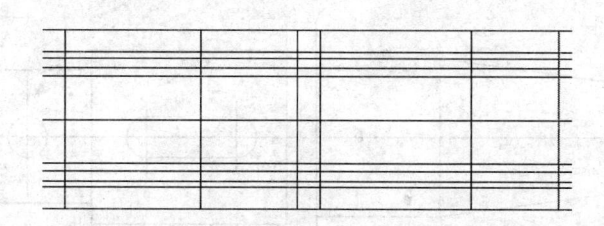

图 6-11

4. 用【倒角】命令进行倒角,用【修剪】命令进行修剪,打开"对象捕捉"模式,捕捉端点,用【直线】命令画四条直线,如图 6-12 所示。

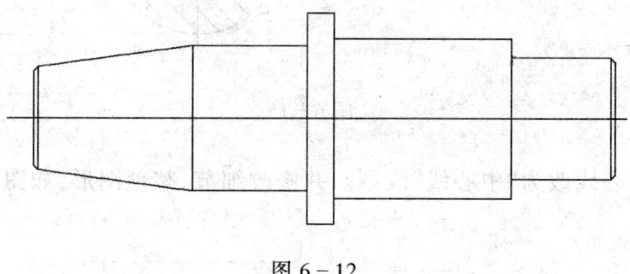

图 6-12

5. 用【偏移】命令确定 $\phi 8$ 通孔位置,用【圆】命令画此圆,如图 6-13 所示。

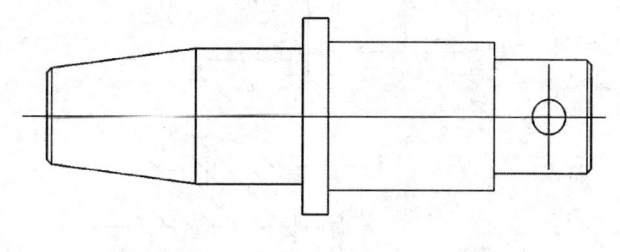

图 6-13

6. 用【偏移】命令确定键槽位置,用【圆】命令画圆,用【直线】命令画直线,用【修剪】命令修剪多余线条,如图 6-14 所示。

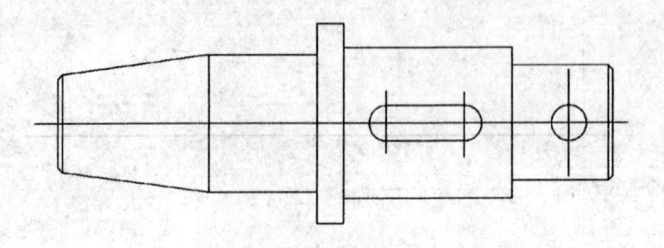

图 6-14

7. 用【直线】命令确定剖视图的位置,用【圆】命令画圆,用【偏移】、【修剪】命令绘制键槽,用【图案填充】命令进行填充,如图 6-15 所示。

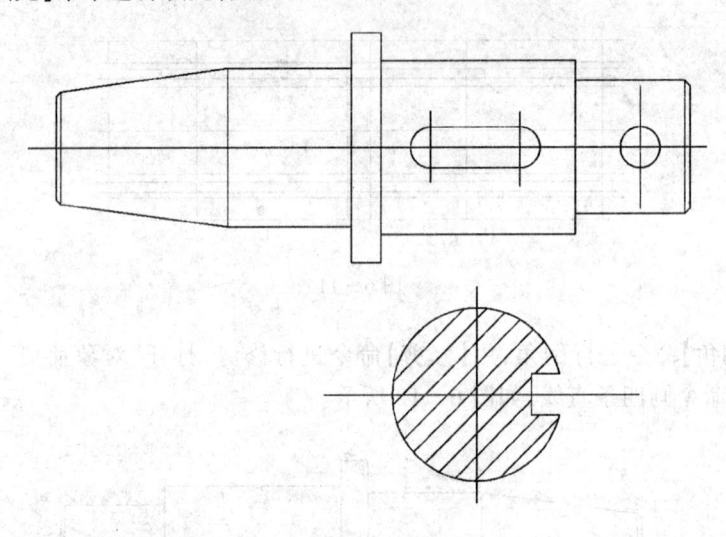

图 6-15

8. 将图中中心线改为"中心线"线型。并修改细节,整理图形,如图 6-16 所示。

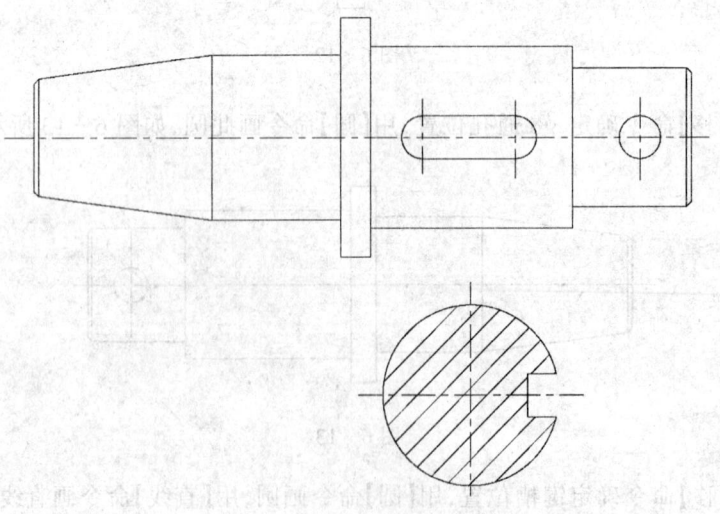

图 6-16

9. 将"标注"层设为当前层,进行尺寸标注。如图 6-9 所示。

10. 用【保存】命令将图形赋名并保存。

项目三:绘制如图 6-17 所示图形

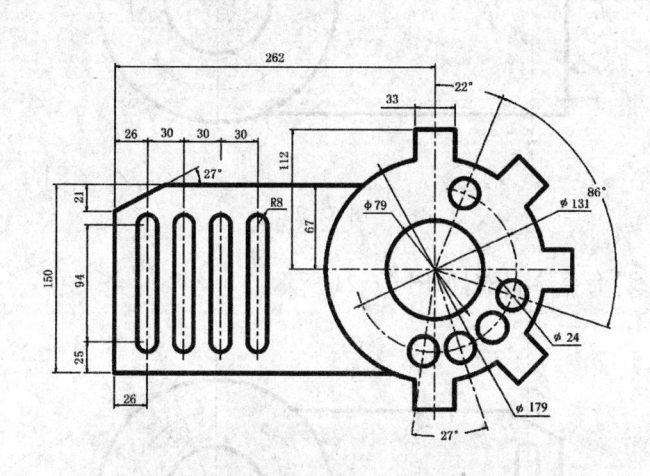

图 6-17

1. 运用样板文件新建图形。

2. 将"中心线"层设为当前层,设置极轴追踪的附加角为 68°,打开"对象捕捉"、"极轴追踪"模式,用【直线】和【圆弧】命令绘制中心线,如图 6-18 所示。

3. 用【偏移】命令对中心线进行偏移,用【延伸】进行延伸,将"轮廓线"层设为当前层,用【圆】命令画圆,如图 6-19 所示。

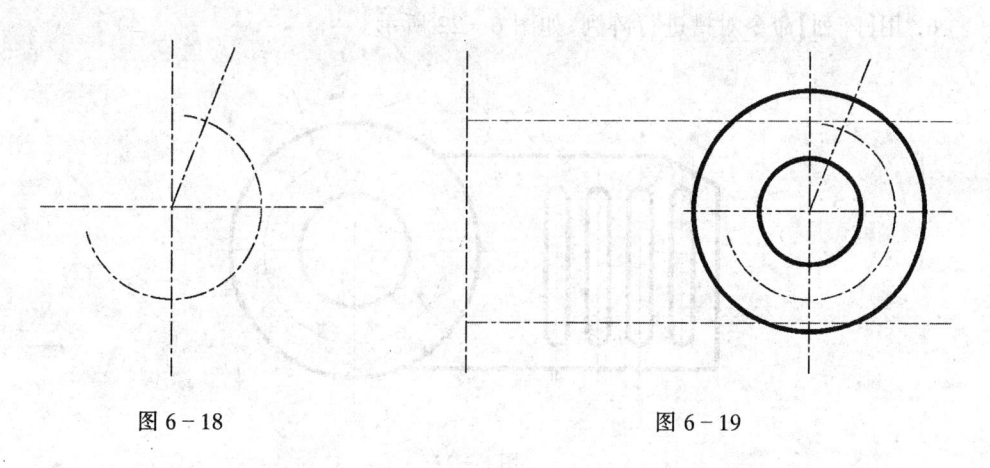

图 6-18   图 6-19

4. 用【偏移】命令进行偏移,用【修剪】、【倒角】命令进行修剪和倒角,并将其线型改为"轮廓线",如图 6-20 所示。

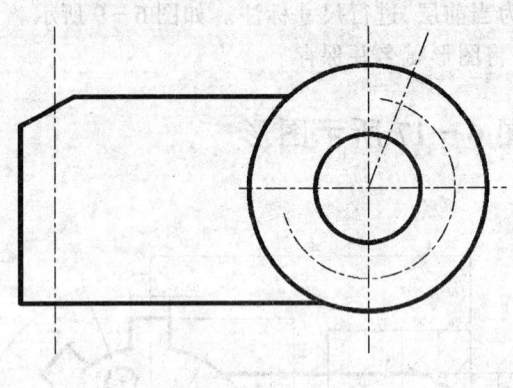

图 6-20

5. 用【多段线】命令绘制槽,如图 6-21 所示。

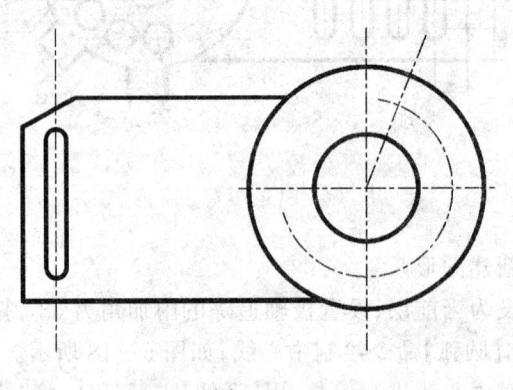

图 6-21

6. 用【阵列】命令对槽进行阵列,如图 6-22 所示。

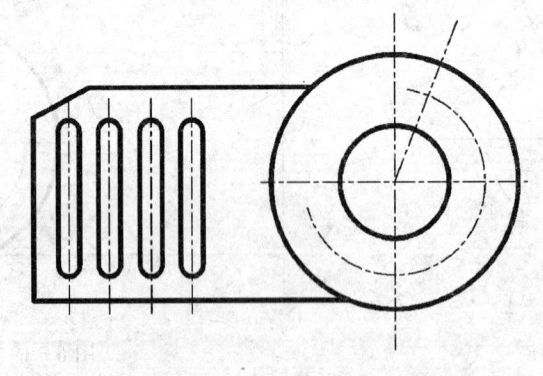

图 6-22

7. 用【偏移】、【修剪】命令进行偏移和修剪绘制键,如图 6-23 所示。

图 6-23

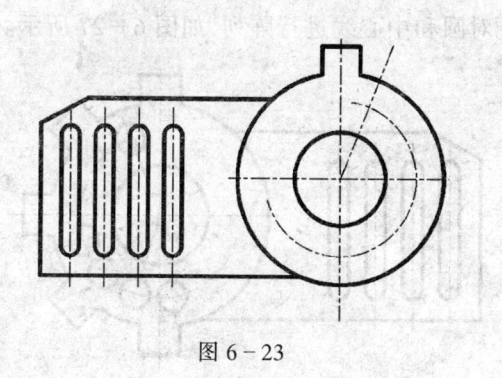

8. 用【阵列】命令对键进行阵列,如图 6-24 所示。

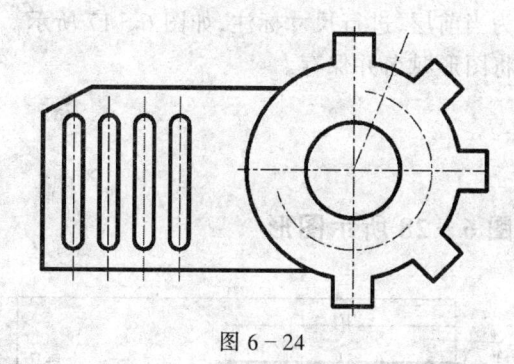

图 6-24

9. 用【圆】命令画圆,如图 6-25 所示。

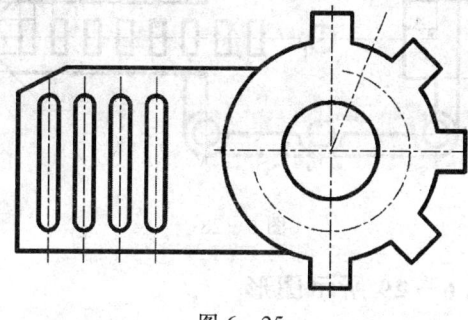

图 6-25

10. 利用夹点编辑旋转复制圆和中心线,如图 6-26 所示。

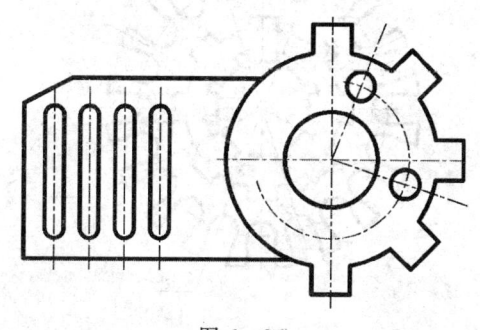

图 6-26

11. 用【阵列】命令对圆和中心线进行阵列,如图 6-27 所示。

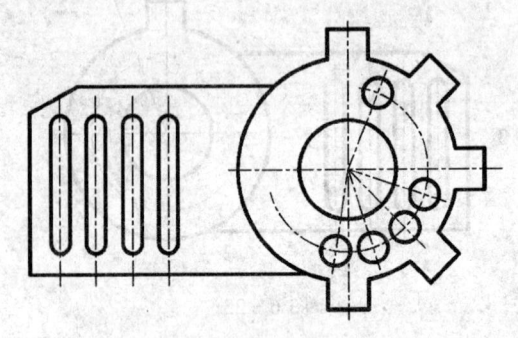

图 6-27

12. 将"标注"层设为当前层,进行尺寸标注,如图 6-17 所示。
13. 用【保存】命令将图形赋名并保存。

三、课后训练

练习一:绘制如图 6-28 所示图形

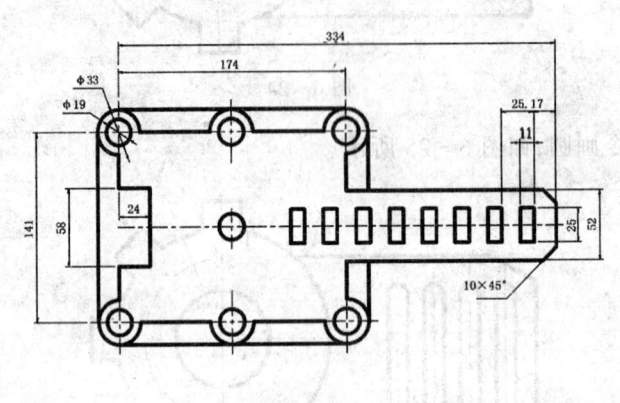

图 6-28

练习二:绘制如图 6-29 所示图形

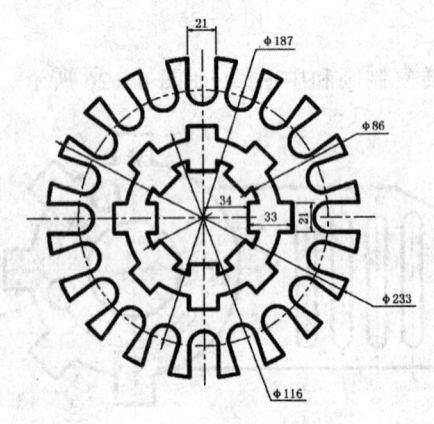

图 6-29

练习三：绘制如图 6－30 所示图形

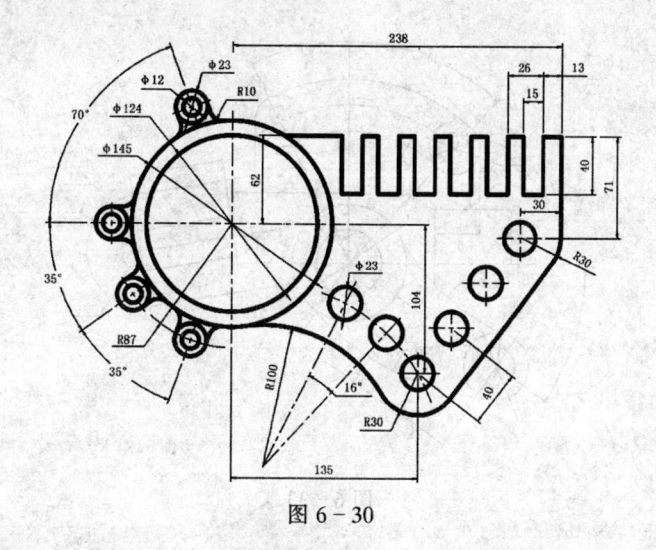

图 6－30

练习四：绘制如图 6－31 所示图形

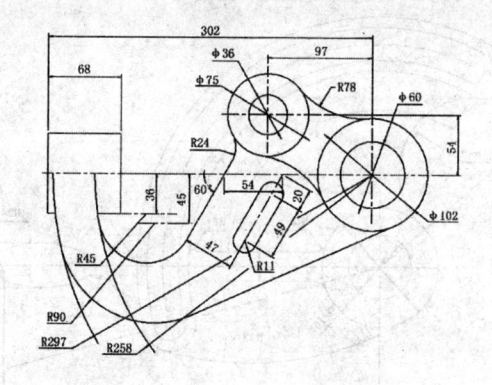

图 6－31

练习五：绘制如图 6－32 所示图形

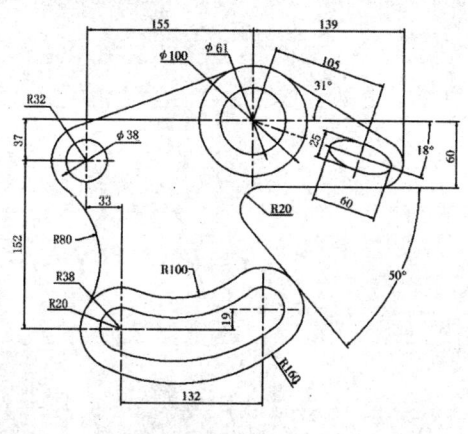

图 6－32

练习六：绘制如图 6-33 所示图形

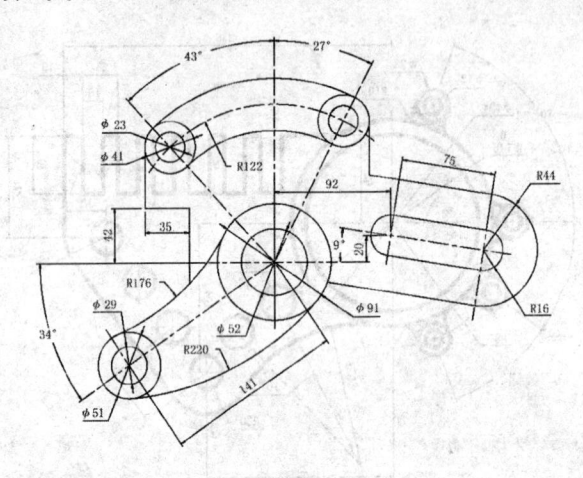

图 6-33

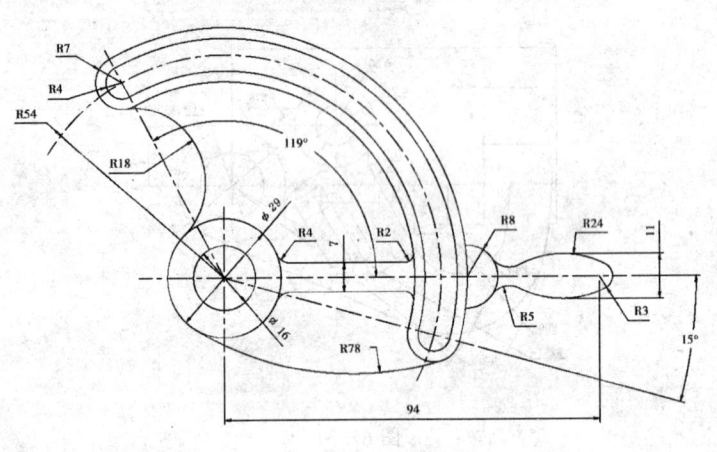

练习七：绘制如图 6-34 所示图形

图 6-34

实训 7 创建图库和图块

一、实训目的

1. 掌握图块的创建和插入方法。
2. 掌握带属性的图块的创建和插入方法。
3. 掌握创建标准件图库的方法。

二、实训演练

项目一：零件或标准件作为图块的创建

如图 7-1 所示。

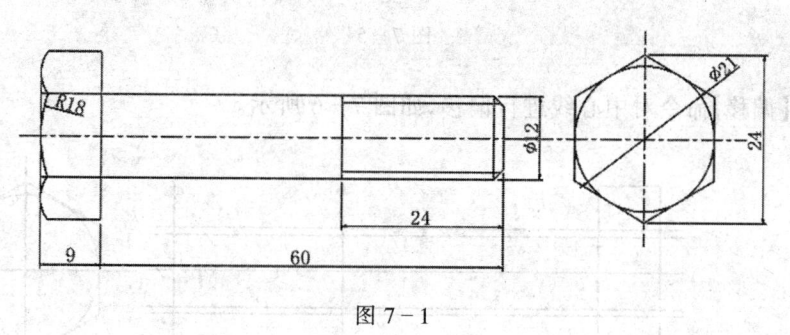

图 7-1

1. 运用样板文件新建图形。
2. 将"中心线"层设为当前层,用【直线】命令绘制中心线,如图 7-2 所示。
3. 用【圆】命令画圆,用【正多边形】命令画正六边形,如图 7-3 所示。

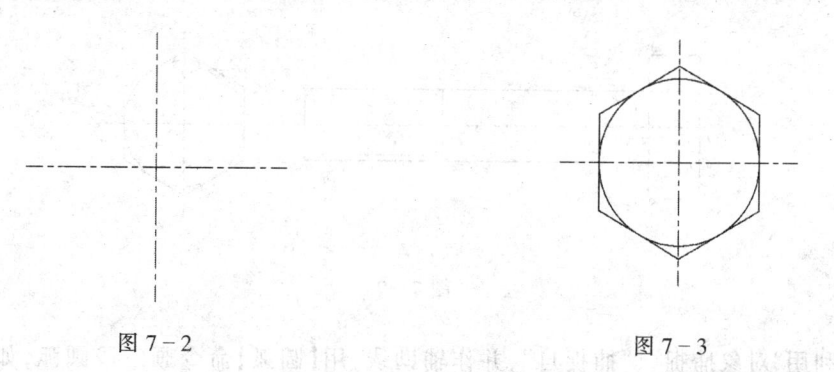

图 7-2   图 7-3

4. 打开"对象捕捉"模式,捕捉交点,用【直线】命令绘制主视图的中心线和一端垂直线,如图 7-4 所示。

图 7-4

5. 用【偏移】命令对垂直线进行偏移,用【直线】命令连接,如图 7-5 所示。

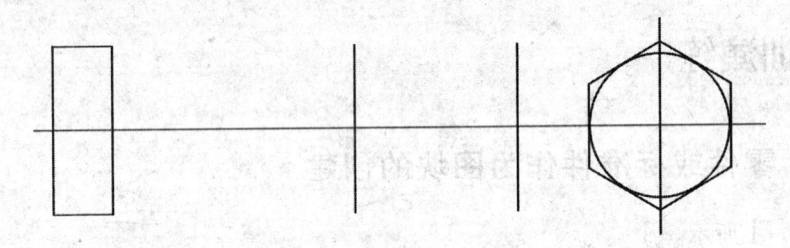

图 7-5

6. 用【偏移】命令对中心线进行偏移,如图 7-6 所示。

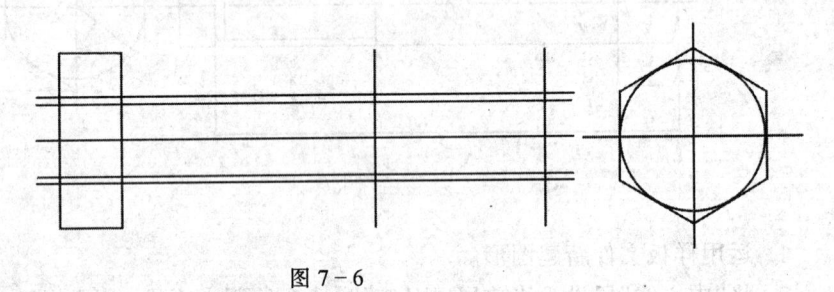

图 7-6

7. 用【修剪】命令修剪多余线条,并改变其线型为"轮廓线",如图 7-7 所示。

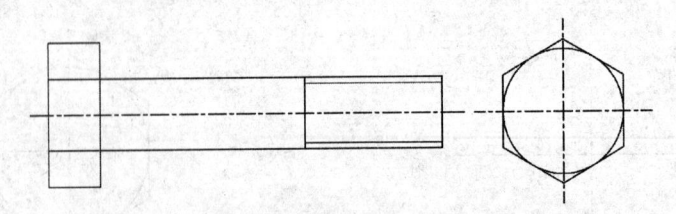

图 7-7

8. 利用"对象捕捉"、"捕捉自",并作辅助线,用【圆弧】命令画三段圆弧,如图 7-8 所示。

实训 7　创建图库和图块

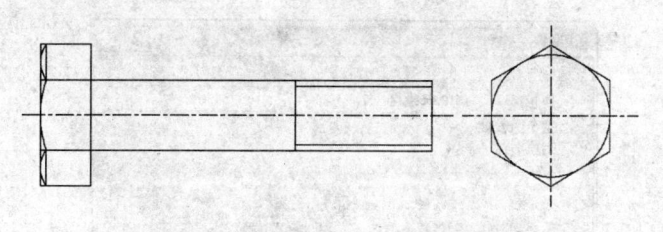

图 7-8

9. 用【倒角】命令倒角,用【修剪】命令修剪多余线条,如图 7-9 所示。

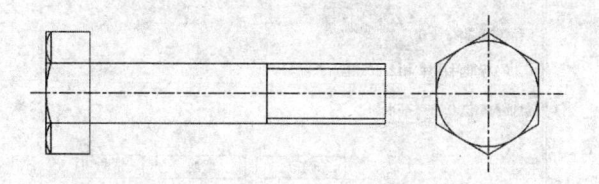

图 7-9

10. 将"标注"层设为当前层,进行尺寸标注。如图 7-1 所示。
11. 用【创建块】命令打开"块定义"对话框,输入块名称,拾取中心线的交点作为基点,拾取全部对象,单击"确定"按钮,保存为块,如图 7-10 所示。

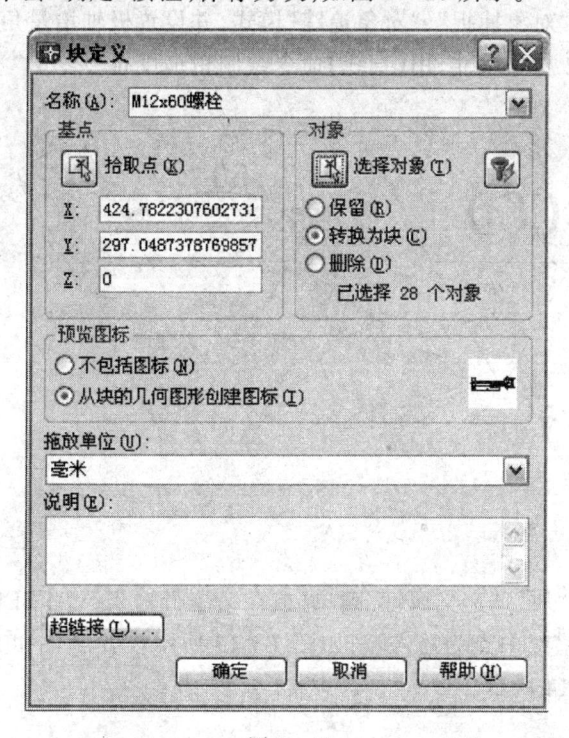

图 7-10

12. 在命令行输入 WBLOCK(或 W),打开"写块"对话框,选择已定义的块,将其保存在"标准件图库"目录下,单击"确定"按钮,完成块文件的保存,如图 7-11 所示。

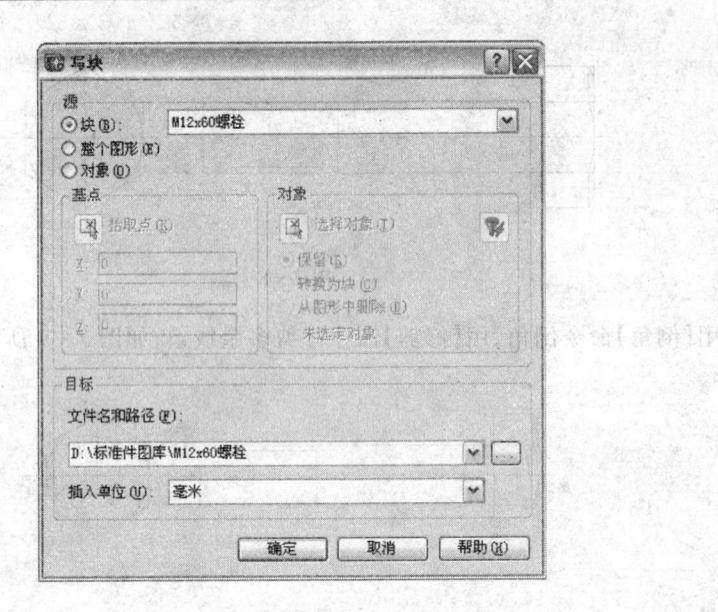

图 7-11

项目二：创建表面粗糙度符号

1. 打开"极轴"、"对象捕捉"、"对象追踪"模式，并设置极轴增量角为 30°。
2. 根据图 7-12 所示尺寸，用【直线】命令绘制粗糙度符号。

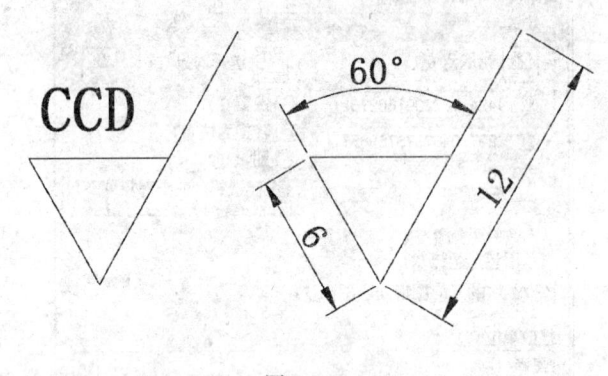

图 7-12

3. 选择"绘图"〉"块"〉"定义属性"菜单(或在命令行输入 ATTDEF 命令)，打开"属性定义"对话框。拾取横线中点为插入点，如图 7-13 所示设置属性和文字选项。单击"确定"按钮后，如图 7-14 所示。

实训 7　创建图库和图块

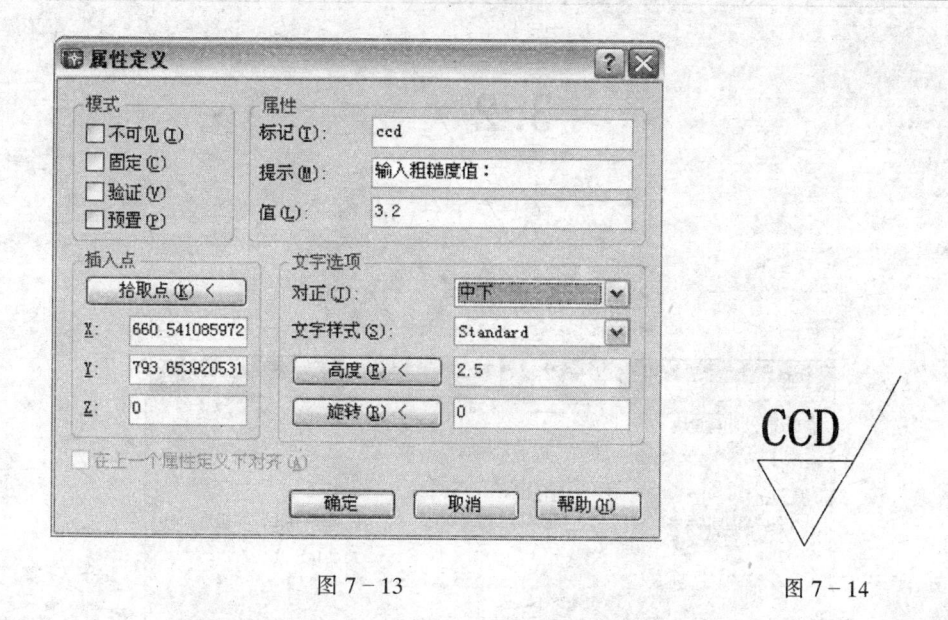

图 7-13　　　　　　　　　　　图 7-14

4. 在命令行输入 WBLOCK(或 W),打开"写块"对话框,选择全部对象,拾取下端点为基点,如图 7-15 所示,将其保存为块文件。打开"编辑属性"对话框,输入 3.2 作为粗糙度值,如图 7-16 所示。

图 7-15

5. 用【插入块】命令打开"插入"对话框,选择粗糙度块即可进行块的插入操作。如图 7-17 所示。

图 7-16

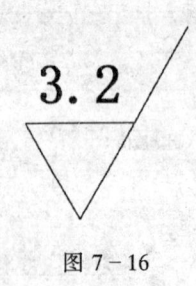

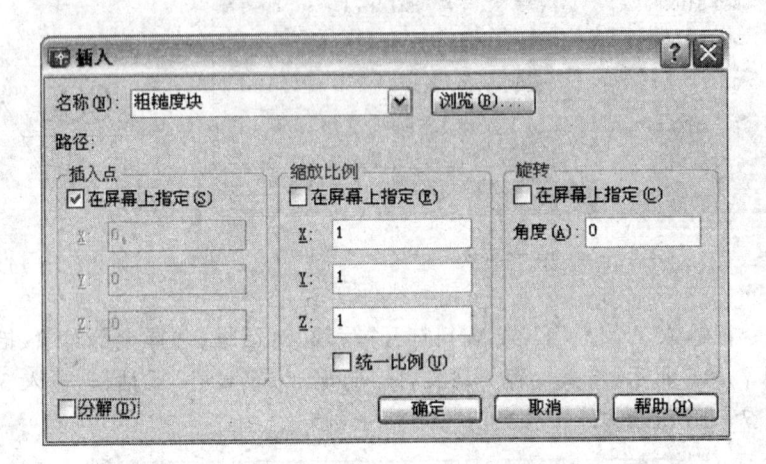

图 7-17

三、课后训练

1. 创建标准件图库,如图 7-18 所示

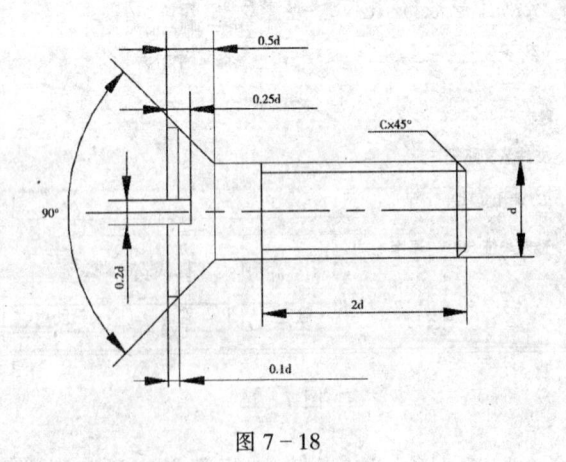

图 7-18

提示:可假设 d=10 进行绘制图形。
2. 创建带属性的锥度符号,如图 7-19 所示

实训 7 创建图库和图块 ·59·

图 7-19

提示:可根据如图 7-20 所示尺寸绘制图形。

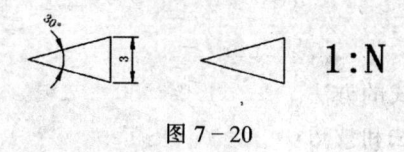

图 7-20

3. 创建带属性的基准符号,如图 7-21 所示

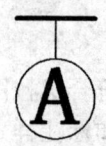

图 7-21

提示:可根据如图 7-22 所示尺寸绘制图形。

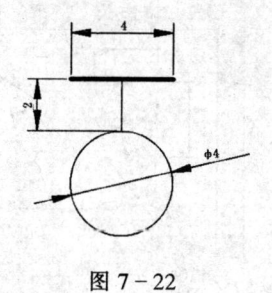

图 7-22

实训 8　尺寸标注 1

一、实训目的

1. 掌握创建新标注样式的方法。
2. 掌握尺寸标注的方法和技巧。

二、实训演练

在进行尺寸标注之前,首先应设置符合机械图样尺寸标注规范的标注样式,并将它置于当前标注样式,使得尺寸标注的外观和标注样式所设置的一致。

1. 打开"标注样式管理器"对话框,如图 8-1 所示。

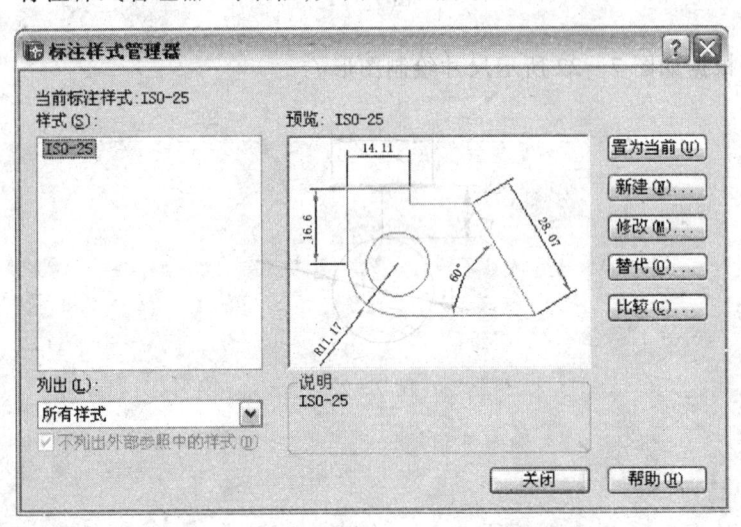

图 8-1

2. 单击"新建"按钮,打开"创建新标注样式"对话框,如图 8-2 所示,输入新样式名为"机械标注"。

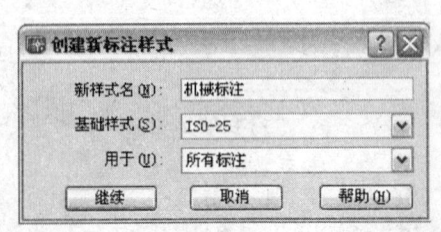

图 8-2

实训 8　尺寸标注 1

3. 单击"继续"按钮,打开"新建标注样式"对话框,如图 8-3 所示,在"直线和箭头"选项卡中进行设置。

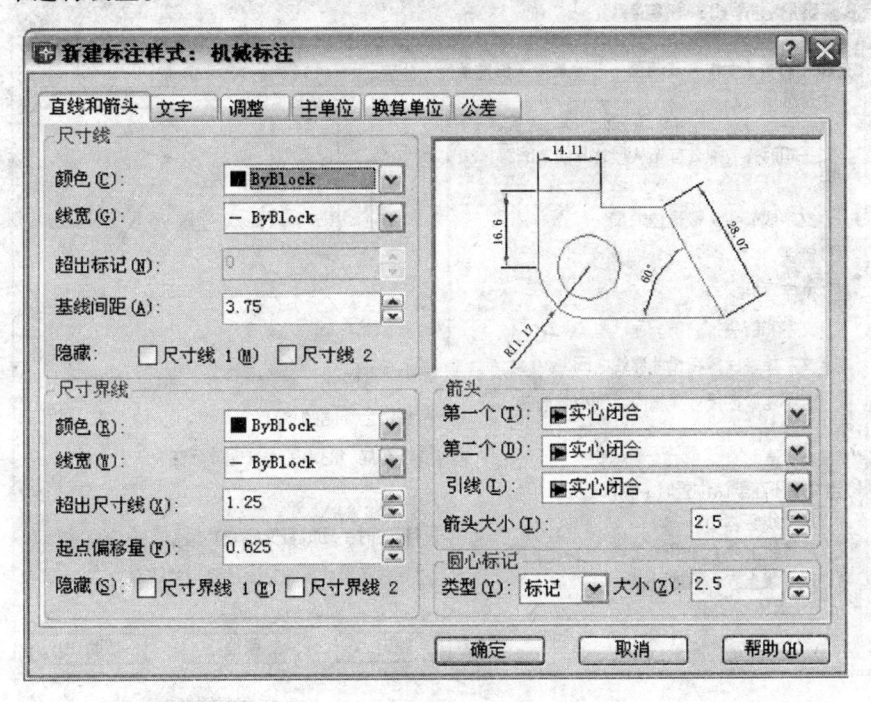

图 8-3

4. 在"文字"选项卡中进行设置,如图 8-4 所示。

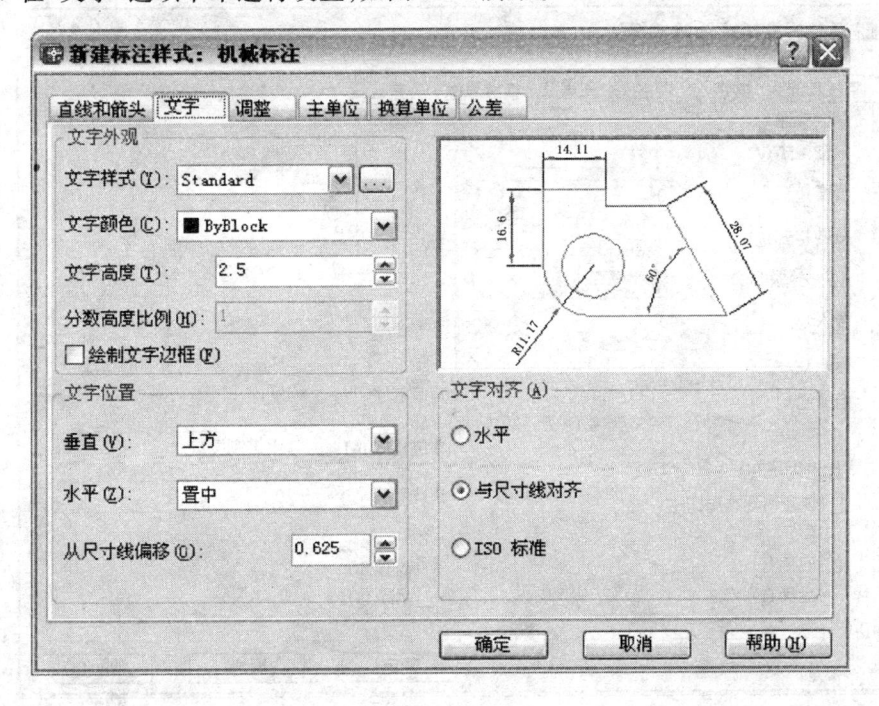

图 8-4

5. 在"调整"选项卡中进行设置，如图 8-5 所示。

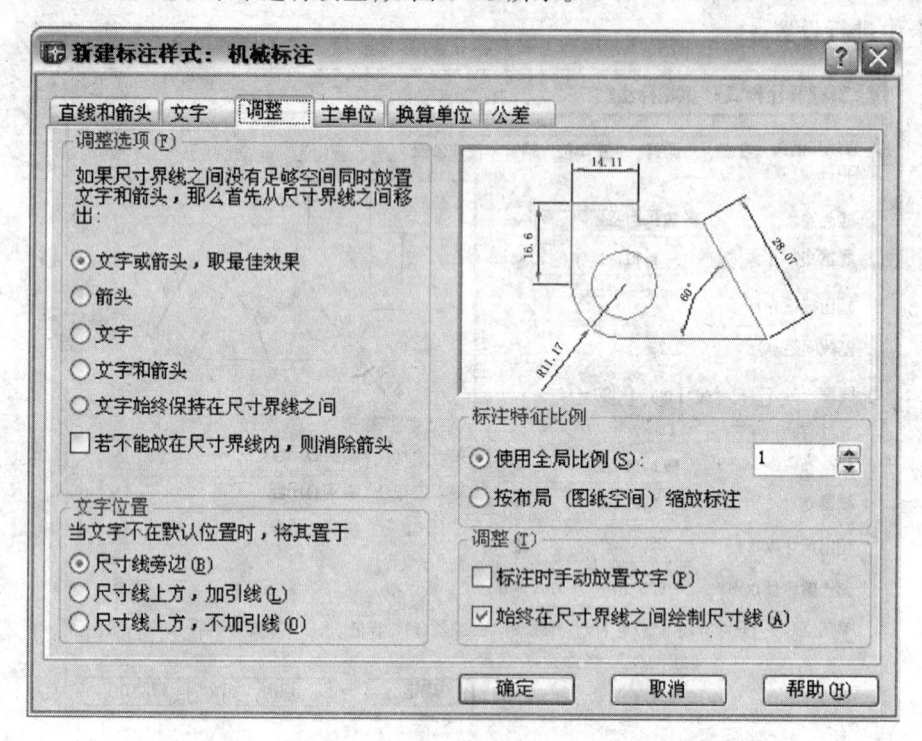

图 8-5

6. 在"主单位"选项卡中进行设置，如图 8-6 所示。

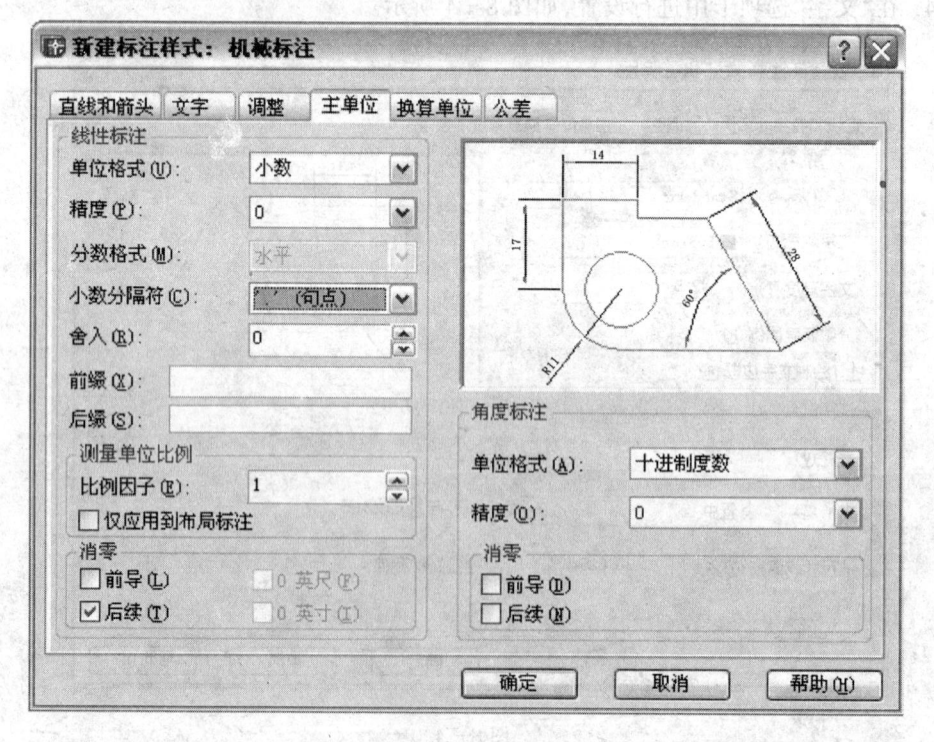

图 8-6

7. 单击"确定"按钮,结果如图 8-7 所示。

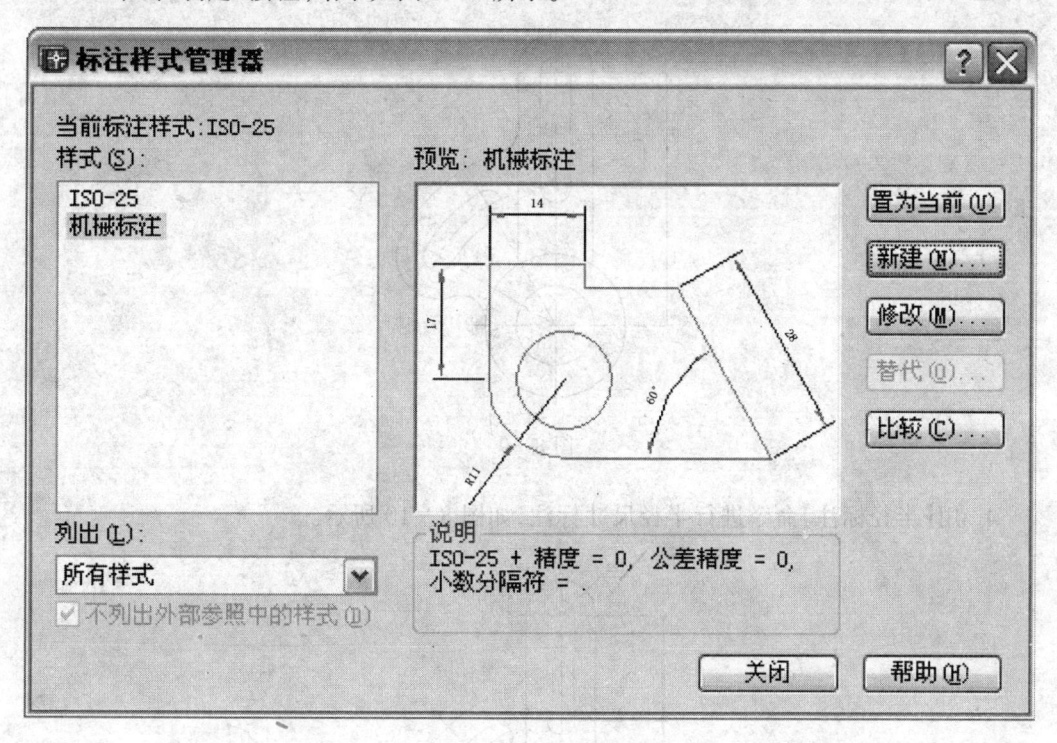

图 8-7

8. 将"机械标注"样式置为当前的标注样式,最后单击"关闭"按钮,返回绘图窗口。

项目一：标注如图 8-8 所示图形

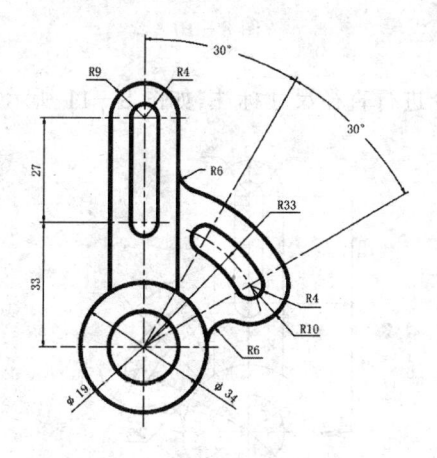

图 8-8

1. 打开图形,创建新的标注样式,并设定为当前样式。
2. 打开"对象捕捉",设置捕捉类型为:端点、圆心、交点。
3. 将"标注层"设为当前层,用【线性标注】命令标注线性尺寸 33,再用【连续标注】命令标注尺寸 27,如图 8-9 所示。

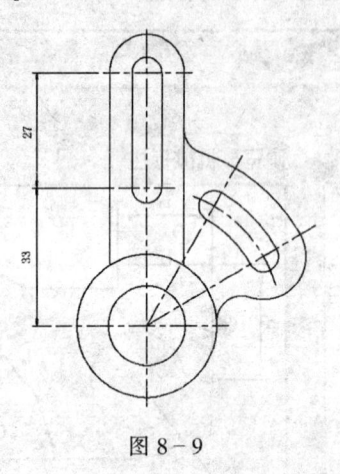

图 8-9

4. 用【半径标注】命令进行半径尺寸标注,如图 8-10 所示。

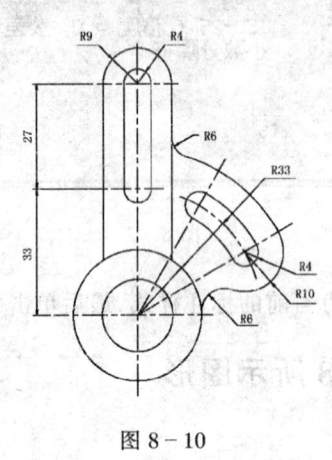

图 8-10

5. 用【直径标注】命令进行直径尺寸标注,如图 8-11 所示。

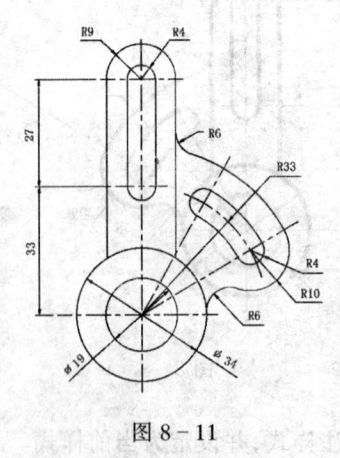

图 8-11

6. 用【角度标注】命令进行角度尺寸标注,结果如图 8-8 所示。

项目二：标注如图8-12轴类零件

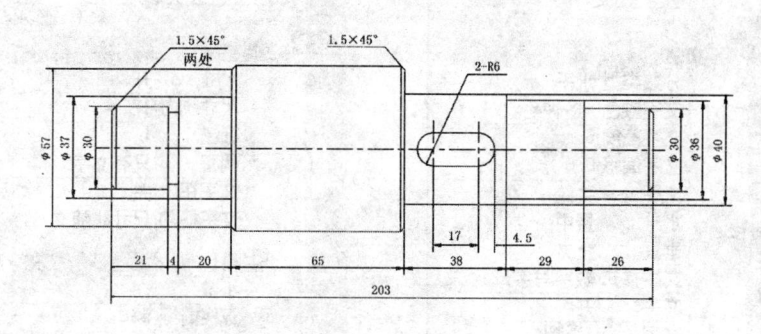

图8-12

1. 打开图形，创建新的标注样式，并设定为当前样式。
2. 打开"对象捕捉"，设置捕捉类型为：端点、圆心、交点。
3. 将"标注层"设为当前层，用【线性标注】命令标注线性尺寸，再用【连续标注】命令标注尺寸，如图8-13所示。

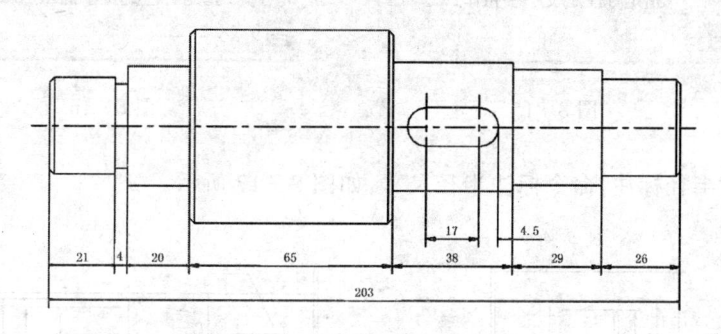

图8-13

4. 标注直径尺寸，如图8-14所示。先用【线性标注】命令对尺寸进行线性标注，选中后，按Ctrl+1，打开"对象特性管理器"，在"文字〉文字替代"中输入"％％c〈〉"，如图8-15所示，或在"主单位〉标注前缀"中输入"％％c"，如图8-16所示。

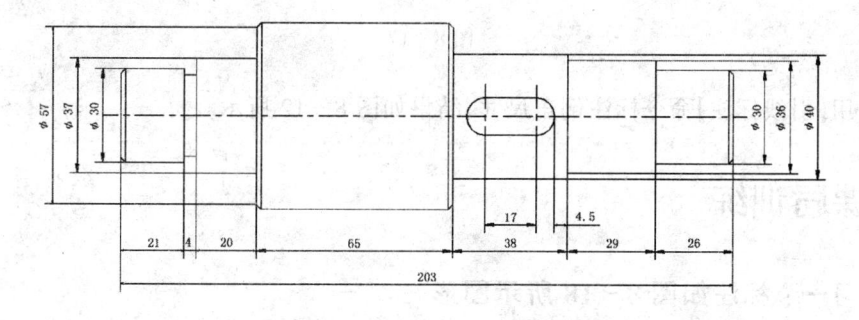

图8-14

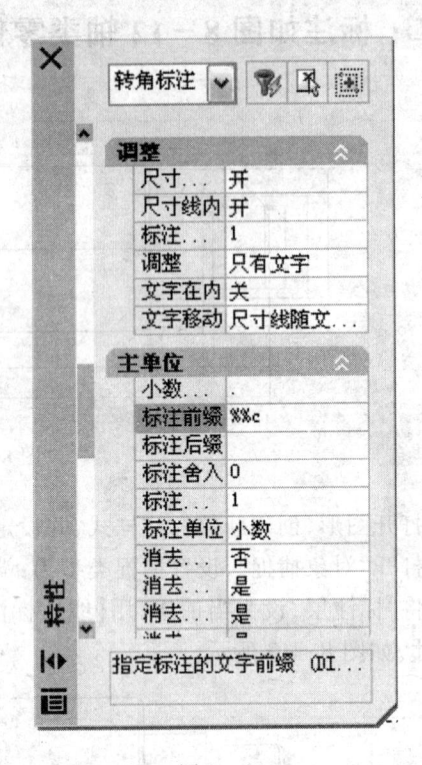

图 8-15　　　　　　　　图 8-16

5. 用【半径标注】命令标注半径尺寸，如图 8-17 所示。

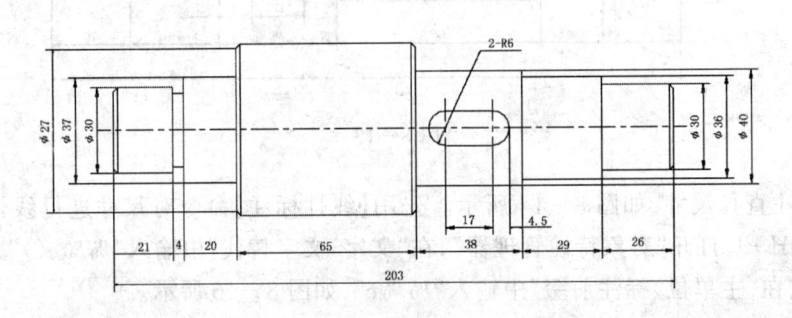

图 8-17

6. 用【引线标注】命令标注倒角尺寸，结果如图 8-12 所示。

三、课后训练

练习一：标注如图 8-18 所示图形
练习二：标注如图 8-19 所示轴类零件

实训 8 尺寸标注 1

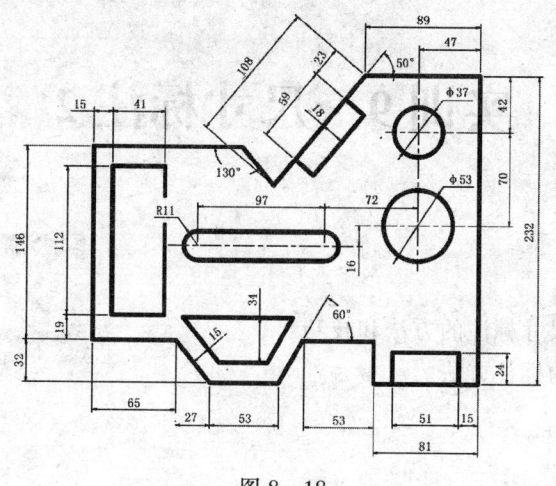

图 8-18

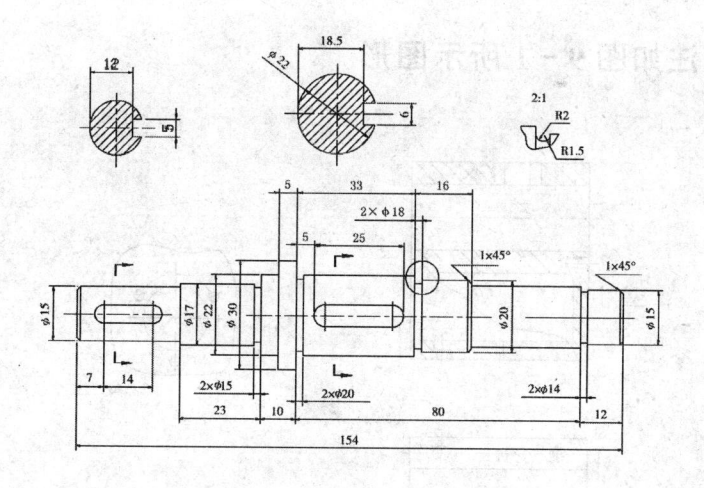

图 8-19

练习三：标注如图 8-20 所示图形

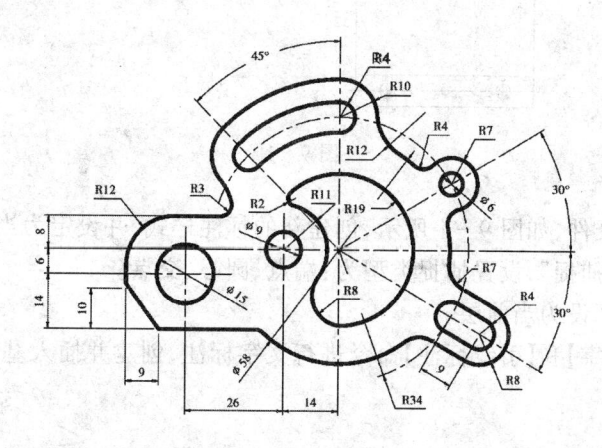

图 8-20

实训 9　尺寸标注 2

一、实训目的

1. 进一步掌握尺寸标注的方法和技巧。
2. 掌握轴测图的标注方法。

二、实训演练

项目一：标注如图 9-1 所示图形

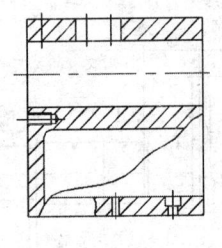

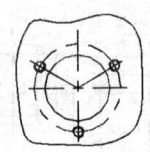

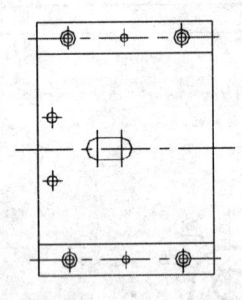

图 9-1

1. 打开图形文件，如图 9-1 所示，创建新的标注样式，并设定为当前样式。
2. 打开"对象捕捉"，设置捕捉类型为：端点、圆心、交点。
3. 将"标注层"设为当前层。
4. 用【多行文字】和【引线标注】命令进行文字标注，创建并插入基准符号，如图 9-2 所示。

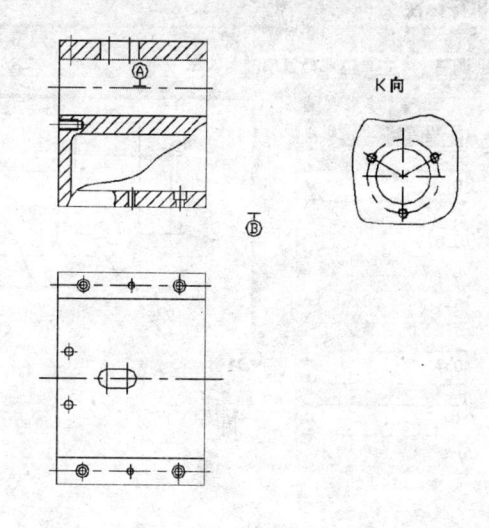

图 9-2

5. 用【线性标注】和【连续标注】命令进行尺寸标注,如图 9-3 所示。

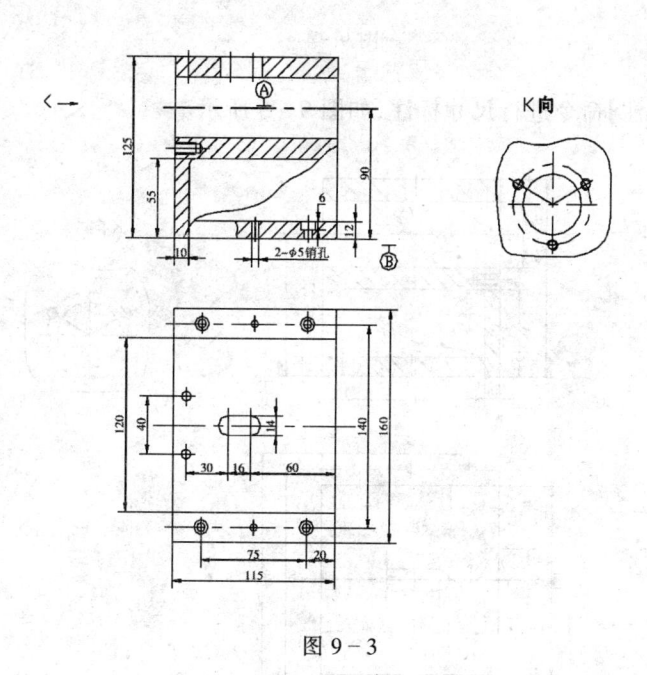

图 9-3

6. 打开"标注样式管理器"对话框,单击"替代"按钮,设置"公差"选项卡,如图 9-4 所示。

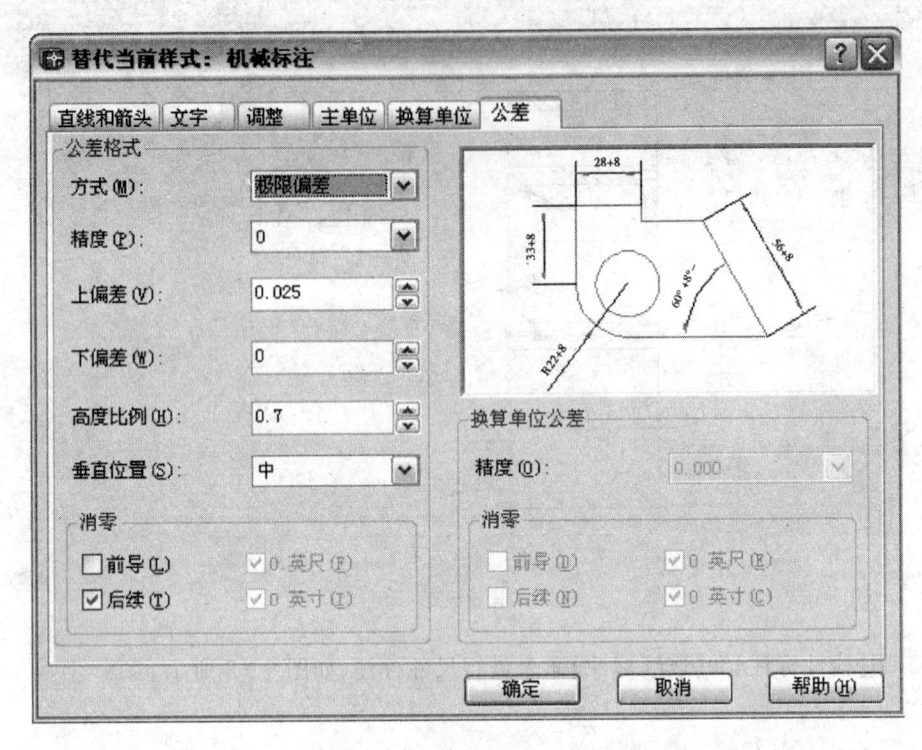

图 9-4

7. 用【线性标注】命令进行尺寸标注,如图 9-5 所示。

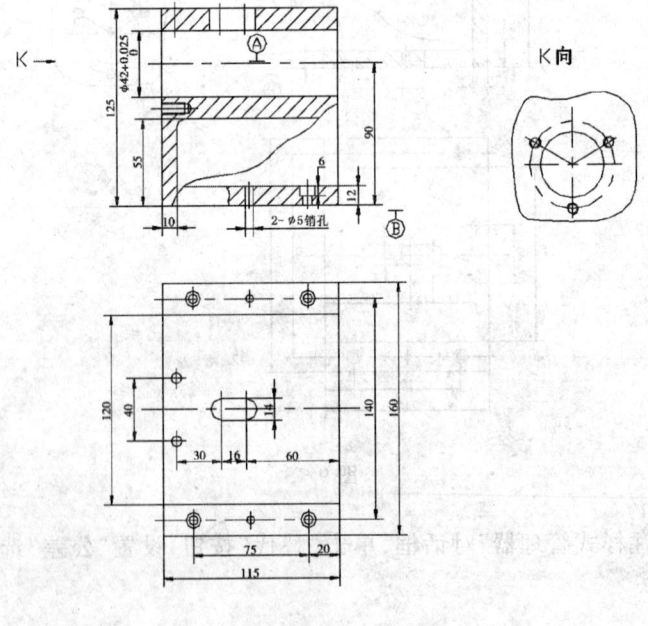

图 9-5

实训 9　尺寸标注 2

8. 用【直径标注】命令进行尺寸标注,如图 9-6 所示。

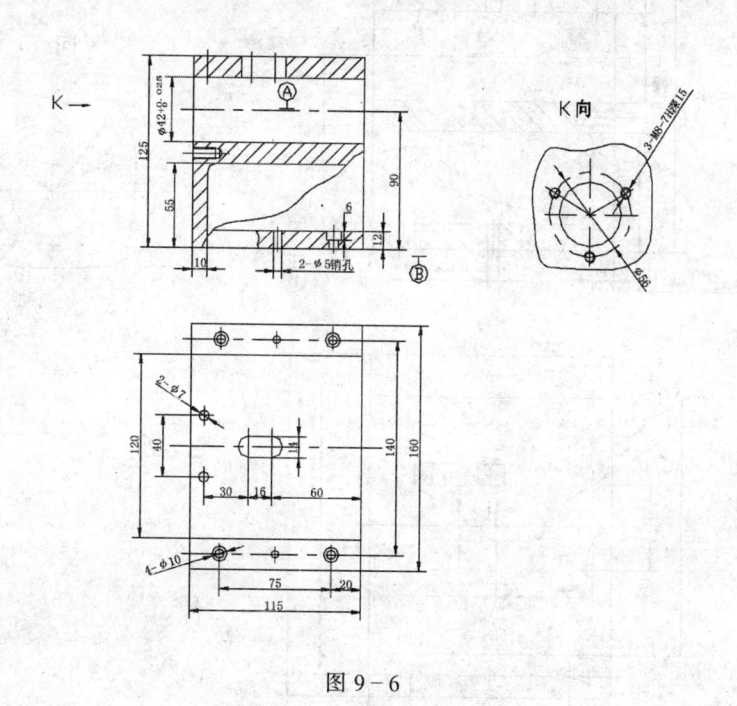

图 9-6

9. 执行【公差标注】命令,打开"形位公差"对话框,如图 9-7 所示,根据标注要求设置参数。单击"确定"按钮进行形位公差标注,如图 9-8 所示。

图 9-7

图 9-8

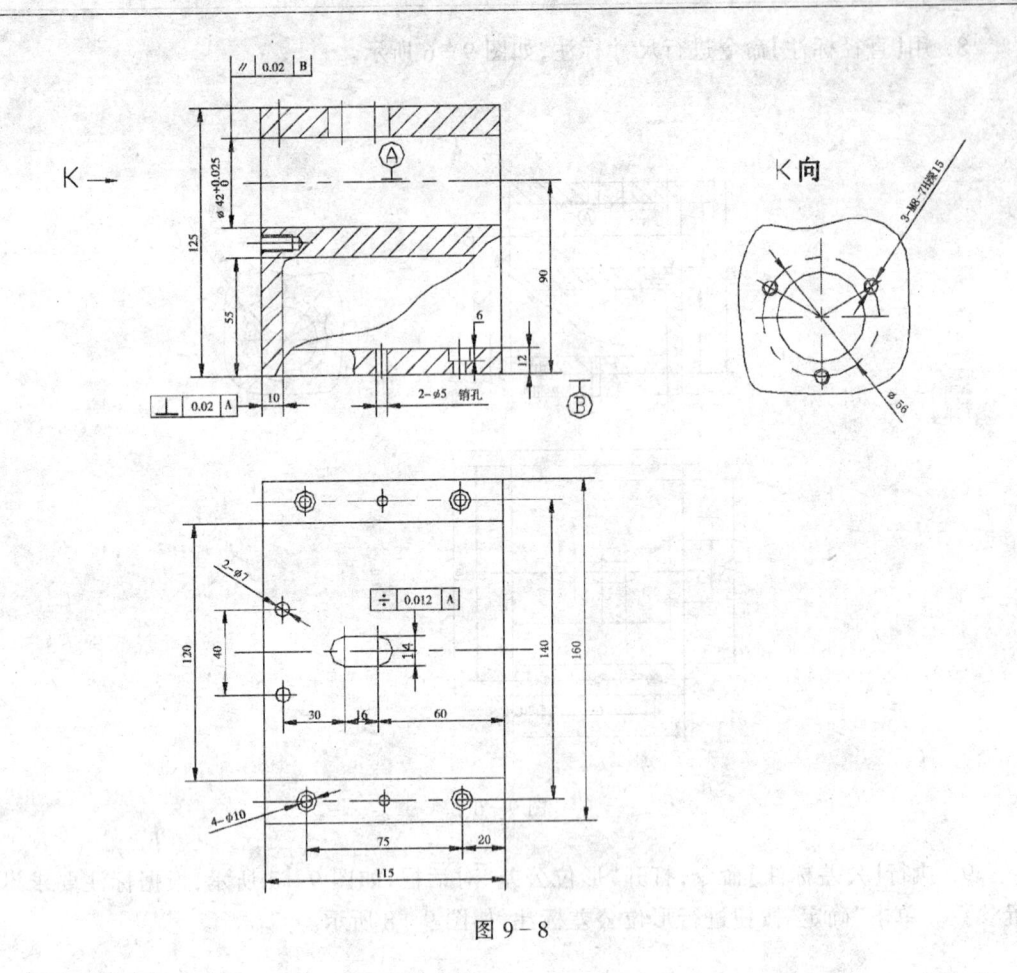

10. 用【另存为】命令将图形赋名并保存。

项目二：标注如图 9-9 所示轴测图

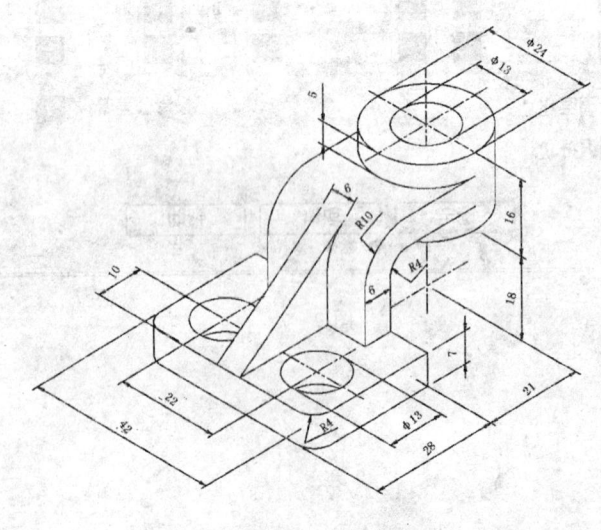

图 9-9

1. 打开图形文件，创建新的标注样式，并设定为当前样式。
2. 用【文字样式】命令新建两种文字样式，分别设置文字的倾斜角度为 30°和 -30°。如图 9-10、图 9-11 所示。

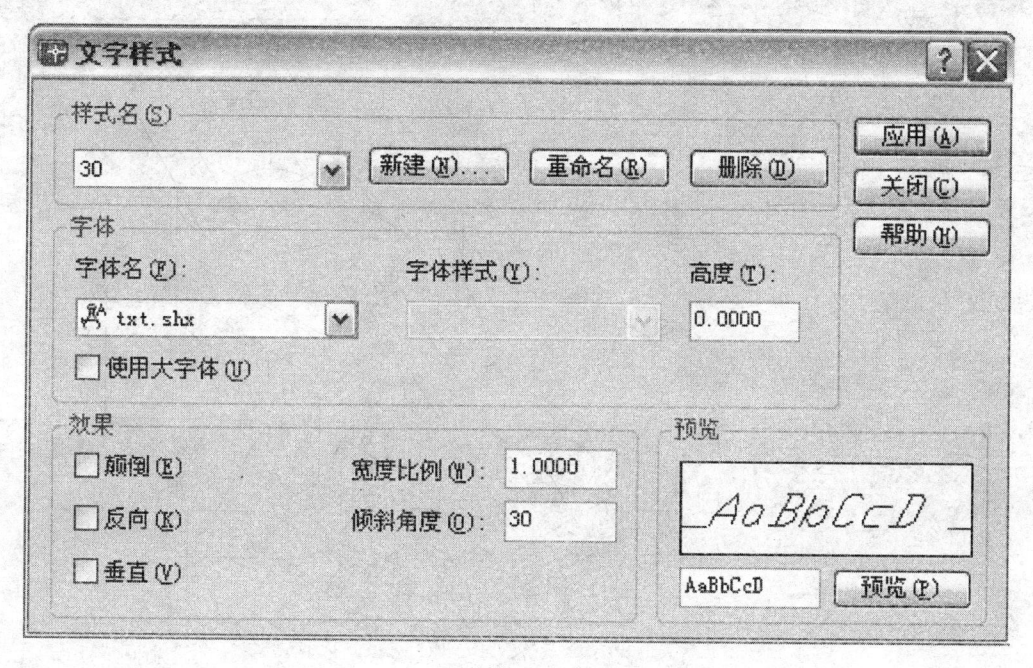

图 9-10

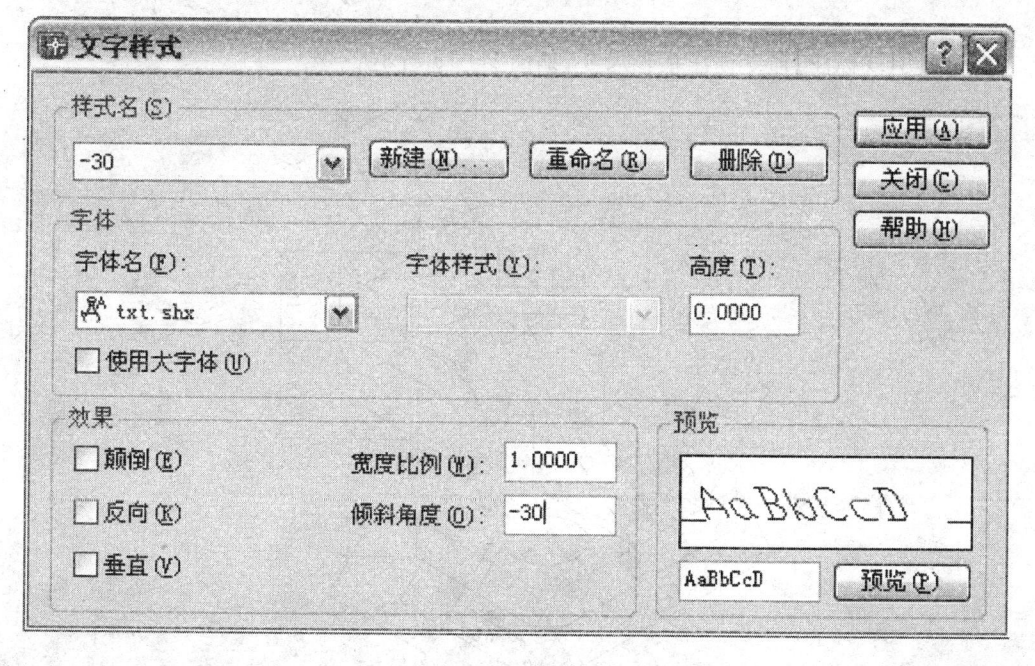

图 9-11

3. 打开"对象捕捉"，设置捕捉类型为：端点、交点。

4. 将"标注层"设为当前层。
5. 用【对齐标注】命令进行尺寸标注，如图 9-12 所示。

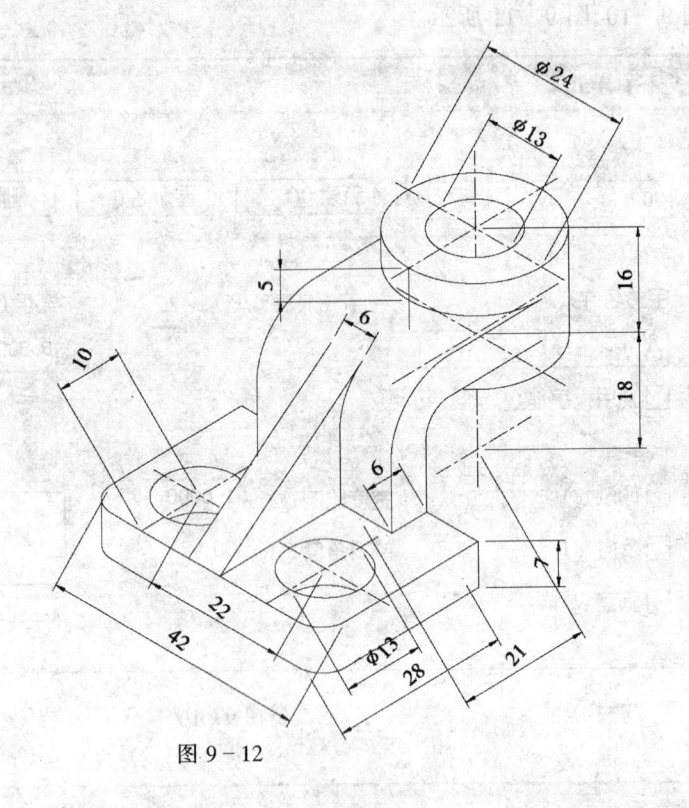

图 9-12

6. 用【引线标注】命令标注半径尺寸，如图 9-13 所示。

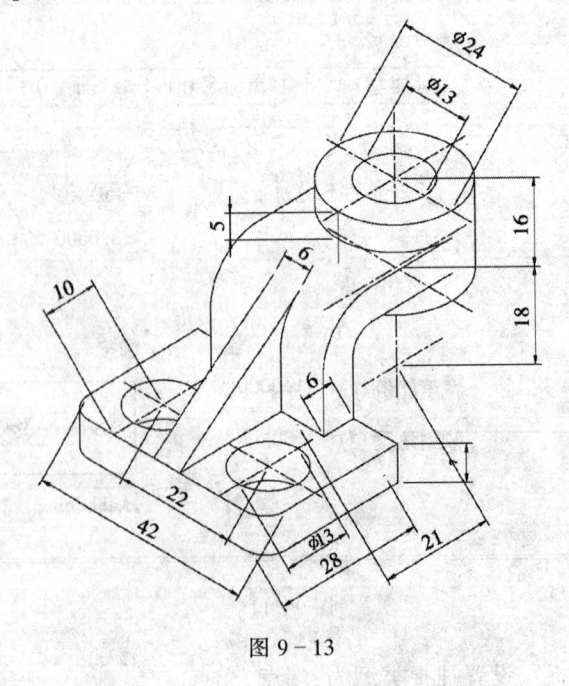

图 9-13

7. 用【倾斜】命令将尺寸界线倾斜,使它与当前轴测图的模式保持一致。在命令行输入 DIMTEDIT,调整各标注尺寸的位置,如图 9-14 所示。(注意:不同平面上的标注其倾斜角度也不一样,应根据绘制的图形修改标注)

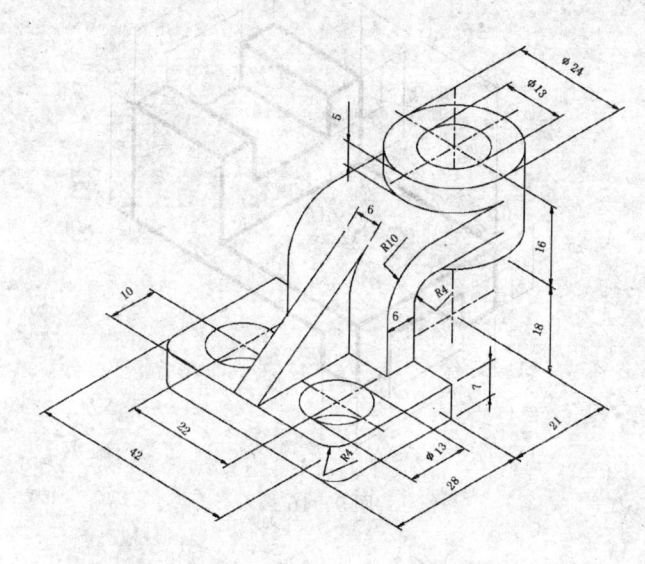

图 9-14

8. 用【另存为】命令将图形赋名并保存。

三、课后训练

练习一:标注如图 9-15 所示图形

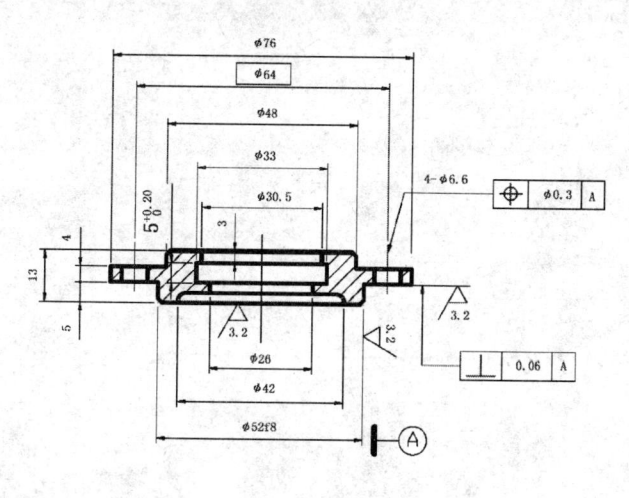

图 9-15

练习二：标注如图 9-16 所示轴测图

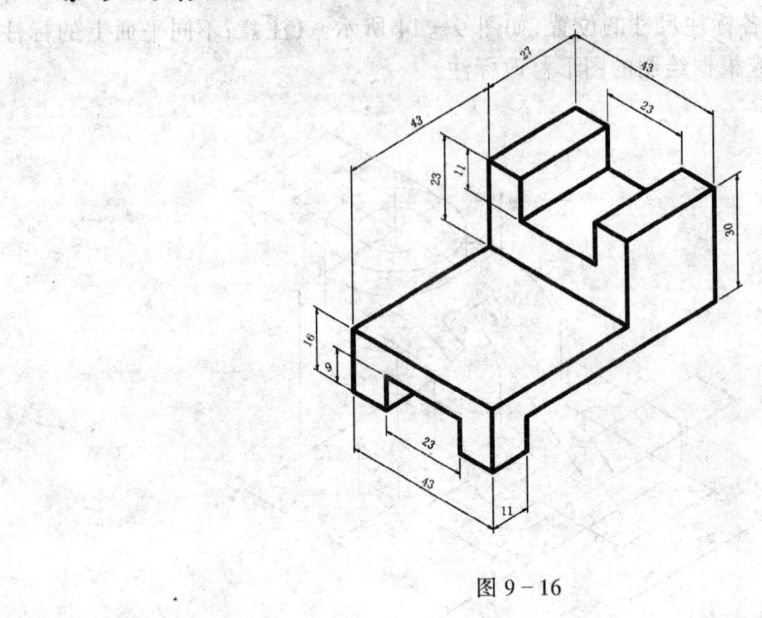

图 9-16

练习三：对以前所作图形进行尺寸标注

实训 10　绘制零件图 1

一、实训目的

1. 掌握轴类零件图的绘制。
2. 掌握盘类零件图的绘制。
3. 掌握绘制和编辑图形的方法和技巧。

二、实训演练

项目一：绘制轴类零件图，如图 10-1 所示

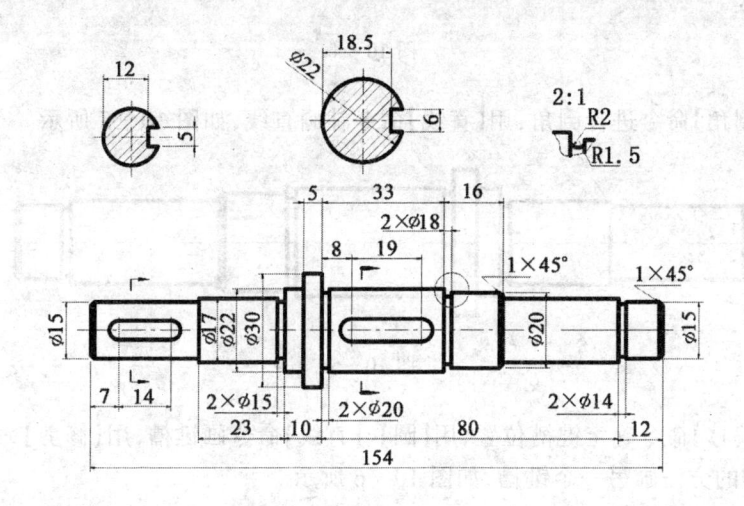

图 10-1

1. 运用样板文件新建图形。
2. 将"中心线"层设为当前层，用【直线】、【偏移】命令绘制轴线和左、右端面线，并将左、右端面线的线型改为轮廓层线型，如图 10-2 所示。

图 10-2

3. 打开"对象捕捉"、"极轴追踪"和"对象捕捉追踪"模式。
4. 将"轮廓"层设为当前层,用【直线】命令绘制轴的轮廓线,如图 10-3 所示。

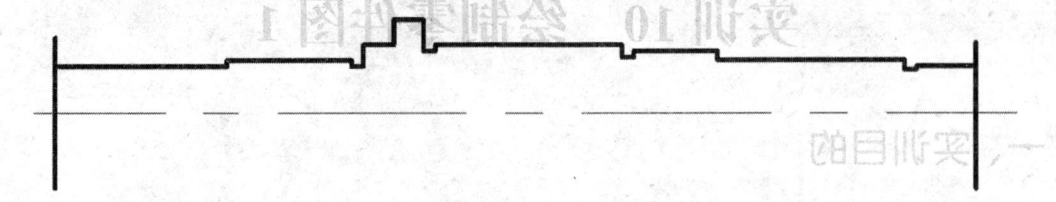

图 10-3

5. 用【镜像】命令将轮廓线沿轴线镜像,用【修剪】命令修剪多余部分,如图 10-4 所示。

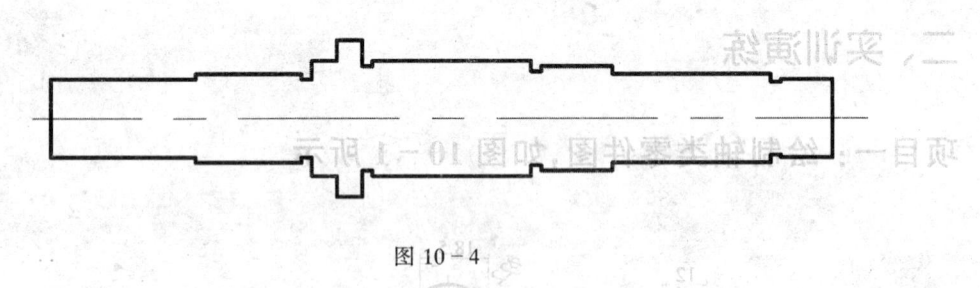

图 10-4

6. 用【倒角】命令进行倒角,用【直线】命令补画直线,如图 10-5 所示。

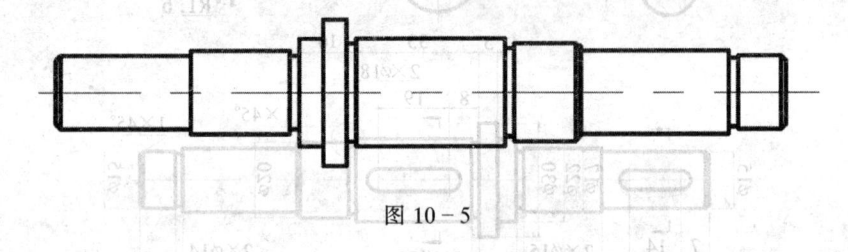

图 10-5

7. 用【偏移】命令确定键槽位置,用【圆】、【直线】命令画键槽,用【修剪】命令修剪多余线条,用同样的方法画另一个键槽,如图 10-6 所示。

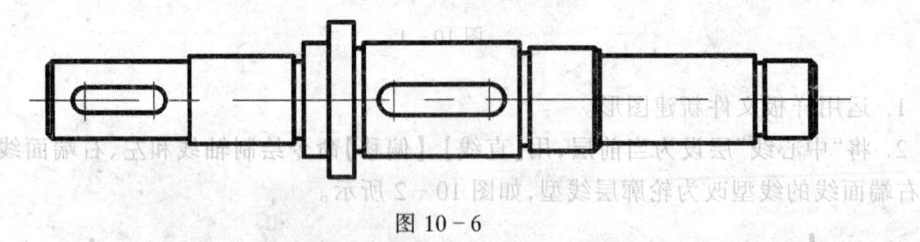

图 10-6

8. 将"中心线"层设为当前层,用【直线】命令确定剖面图位置。
9. 将"轮廓"层设为当前层,用【圆】命令画剖面圆,用【偏移】、【修剪】命令绘制槽,如图 10-7 所示。
10. 将"剖面线"层设为当前层,用【图形填充】命令填充剖面图案,用同样的方法绘制另一个剖面图,如图 10-8 所示。

实训 10　绘制零件图 1

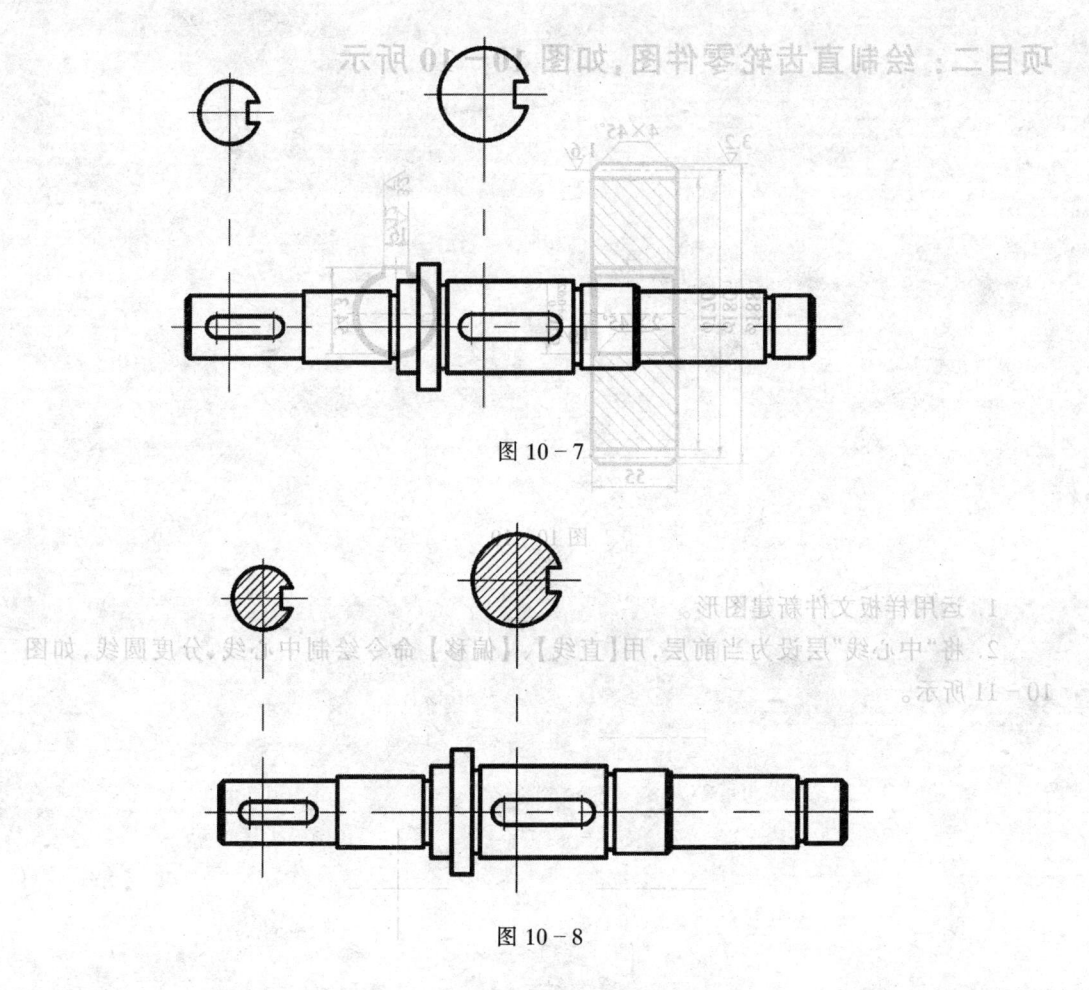

图 10-7

图 10-8

11. 用【复制对象】命令复制细节部分,用【缩放】命令放大 2 倍,用【样条曲线】、【圆角】、【修剪】命令画出细节部分,如图 10-9 所示。

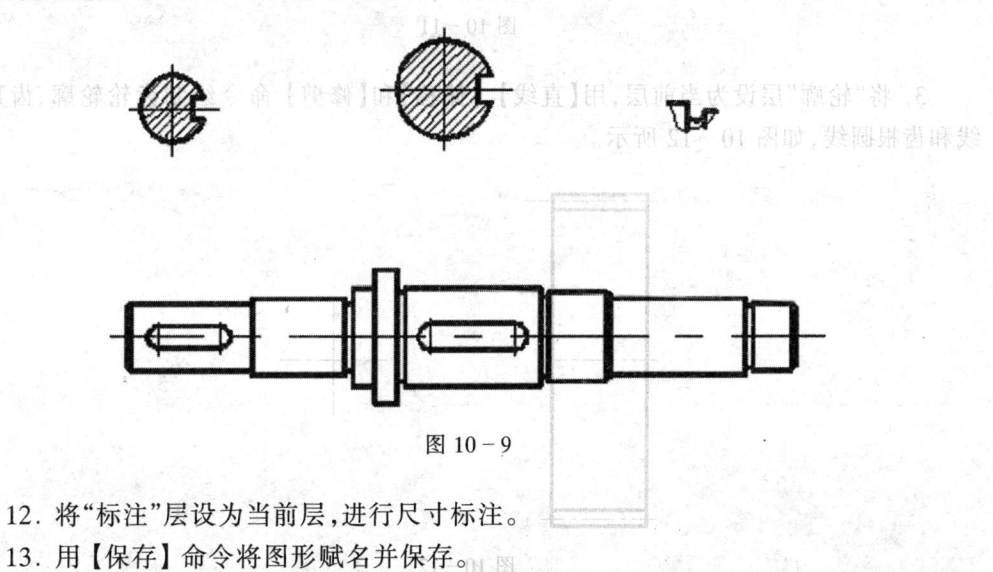

图 10-9

12. 将"标注"层设为当前层,进行尺寸标注。
13. 用【保存】命令将图形赋名并保存。

项目二：绘制直齿轮零件图，如图10-10所示

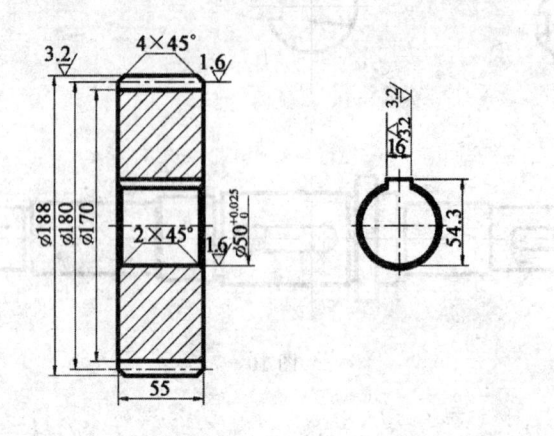

图10-10

1. 运用样板文件新建图形。
2. 将"中心线"层设为当前层，用【直线】、【偏移】命令绘制中心线、分度圆线，如图10-11所示。

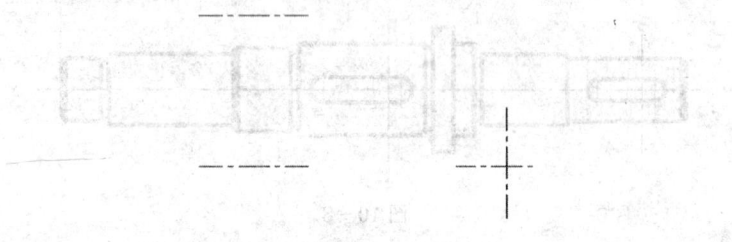

图10-11

3. 将"轮廓"层设为当前层，用【直线】、【偏移】和【修剪】命令绘制齿轮轮廓、齿顶圆线和齿根圆线，如图10-12所示。

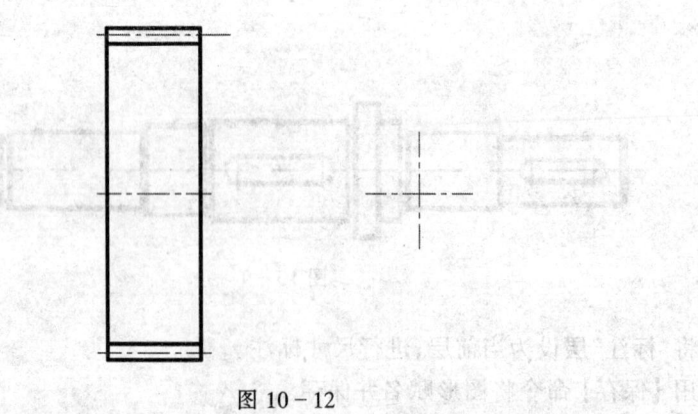

图10-12

4. 用【倒角】命令进行倒角,如图 10-13 所示。

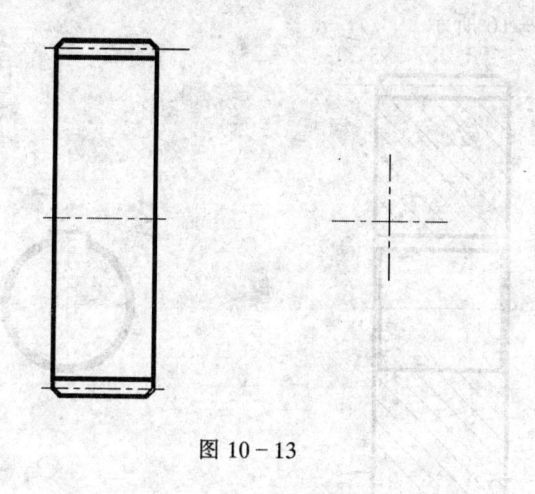

图 10-13

5. 用【圆】、【偏移】和【修剪】命令绘制左视图部分。如图 10-14 所示。

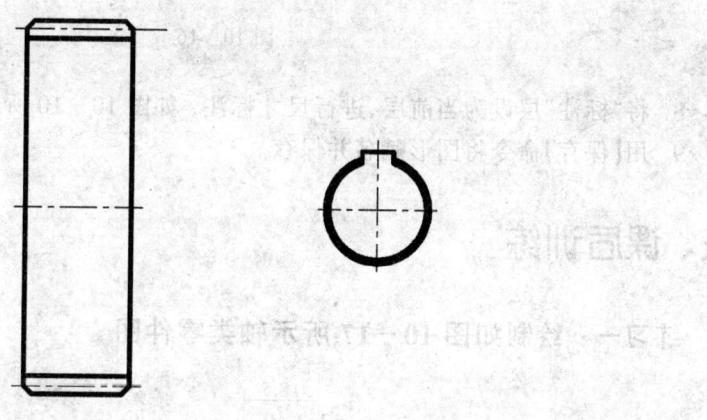

图 10-14

6. 打开"对象捕捉"和"对象捕捉追踪"模式。用【直线】、【倒角】和【修剪】命令在主视图绘制轴孔和键槽,如图 10-15 所示。

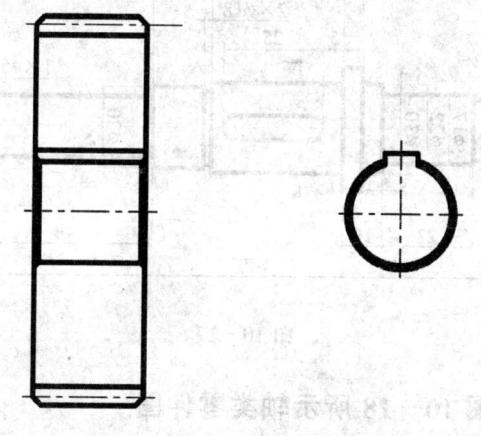

图 10-15

7. 将"剖面线"层设为当前层,用【图形填充】命令填充剖面线,线型选择"ANSI31",比例设为2,如图10-16所示。

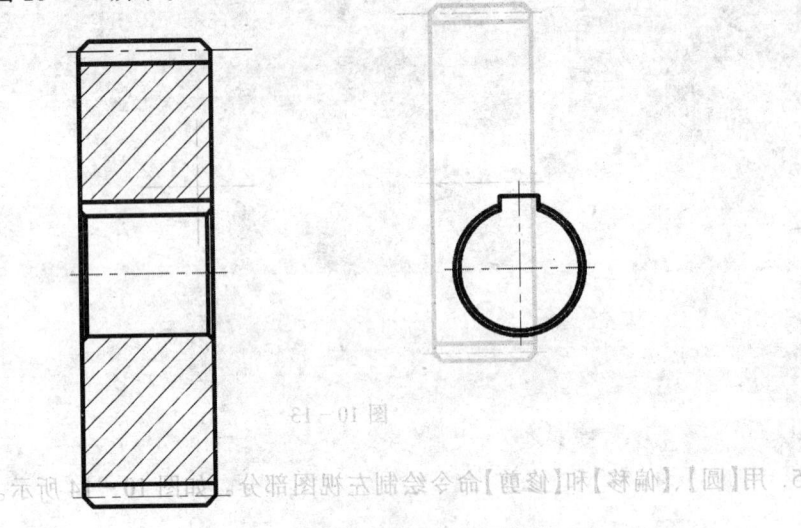

图 10-16

8. 将"标注"层设为当前层,进行尺寸标注,如图10-10所示。
9. 用【保存】命令将图形赋名并保存。

三、课后训练

练习一:绘制如图10-17所示轴类零件图

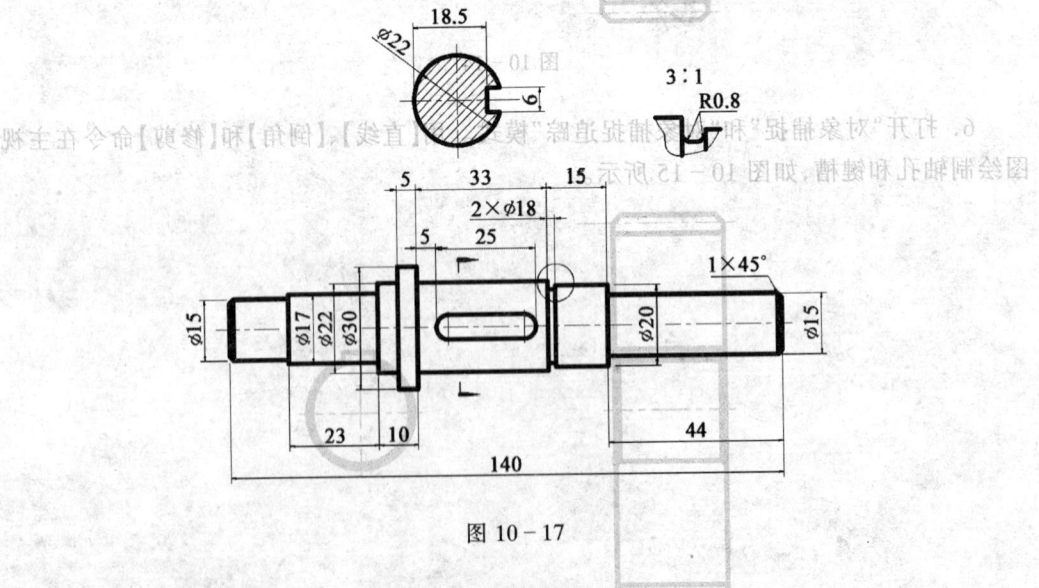

图 10-17

练习二:绘制如图10-18所示轴类零件图

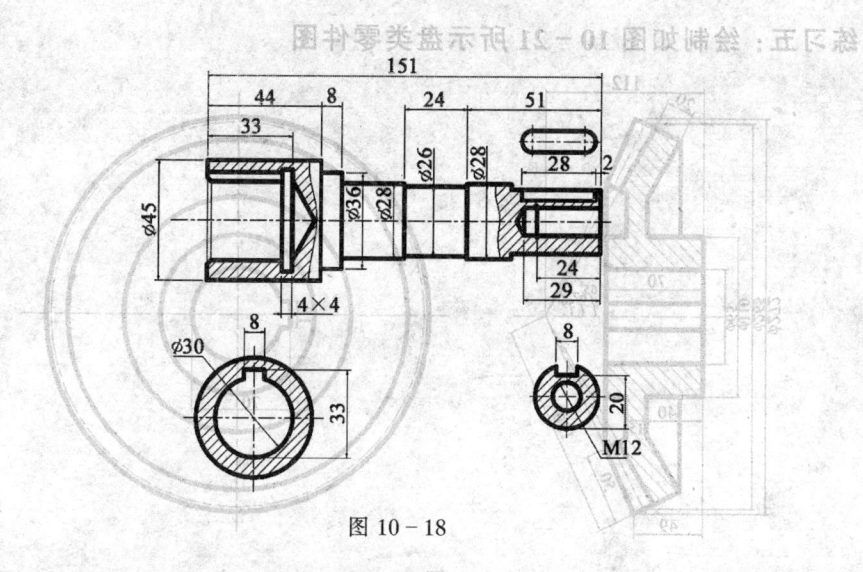

实训 10　绘制零件图 1

图 10-18

练习三：绘制如图 10-19 所示轴类零件图

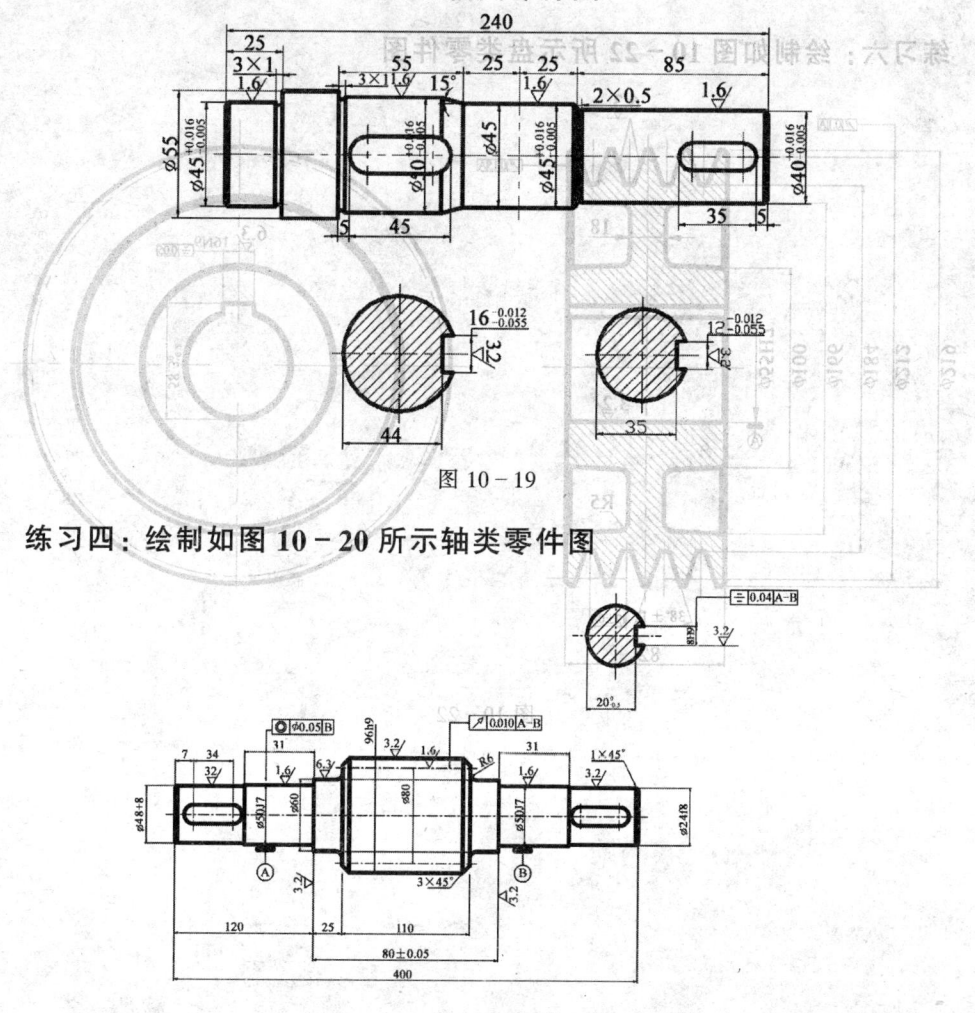

图 10-19

练习四：绘制如图 10-20 所示轴类零件图

图 10-20

练习五：绘制如图 10 – 21 所示盘类零件图

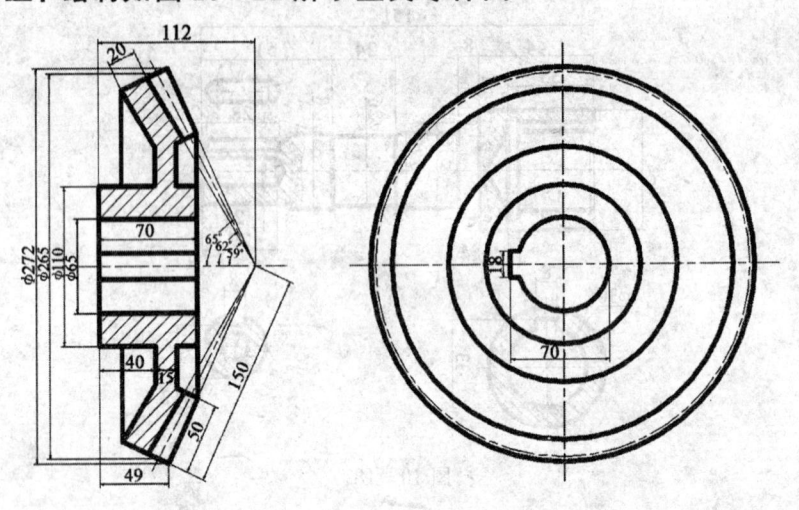

图 10 – 21

练习六：绘制如图 10 – 22 所示盘类零件图

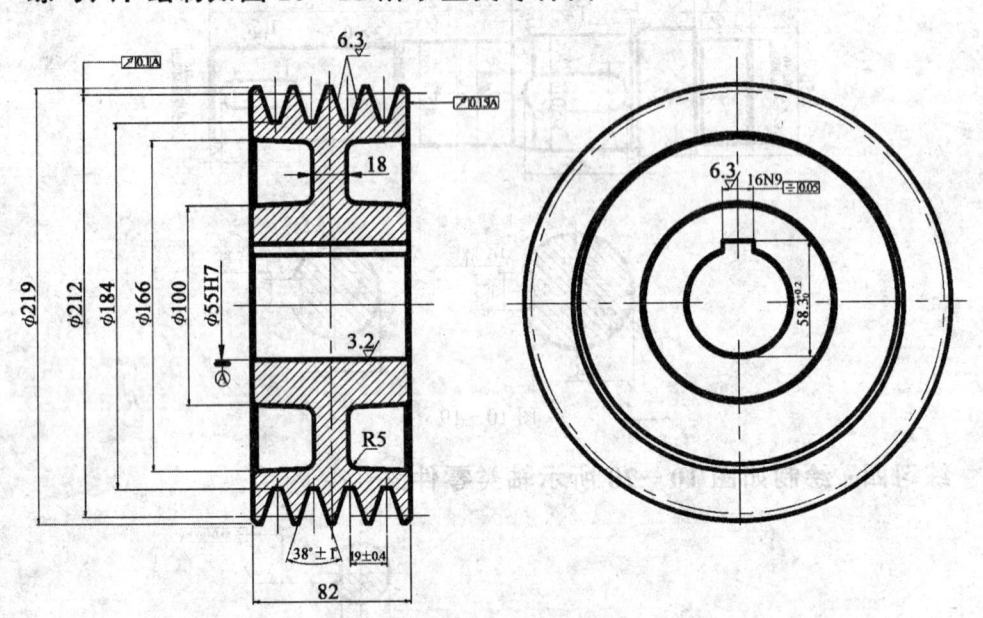

图 10 – 22

实训 11　绘制零件图 2

一、实训目的

1. 掌握叉架类零件图的绘制。
2. 掌握箱体类零件图的绘制。
3. 掌握绘制和编辑图形的方法和技巧。

二、实训演练

项目一：绘制如图 11-1 所示叉架类零件图

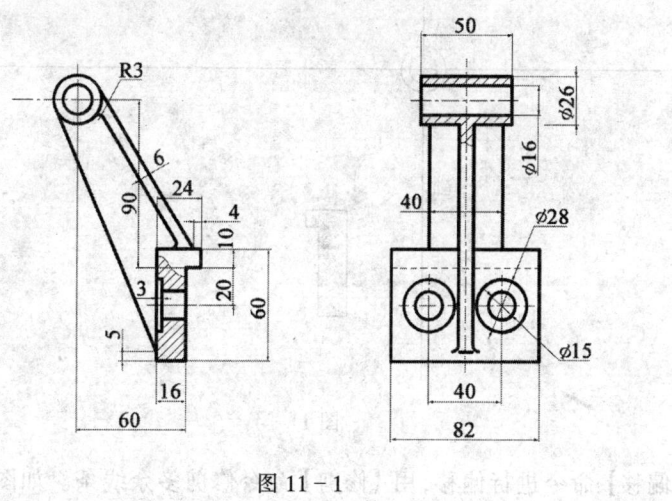

图 11-1

1. 运用样板文件新建图形。
2. 用【构造线】命令绘制轴线,用【圆】命令画圆。如图 11-2 所示。

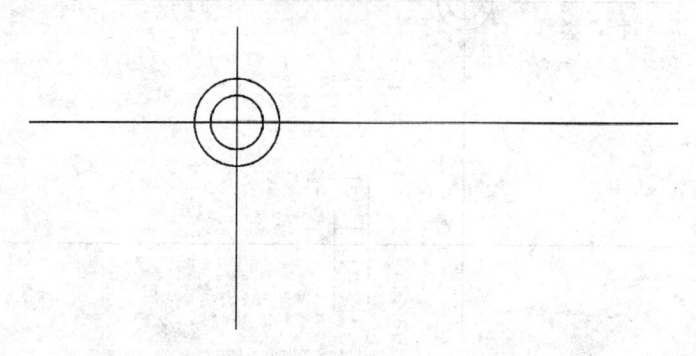

图 11-2

3. 用【偏移】命令对构造线进行偏移,如图 11-3 所示。

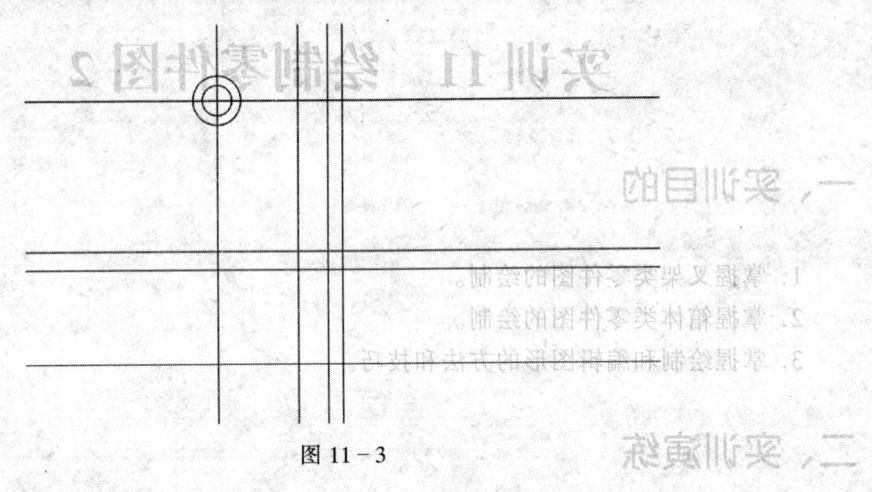

图 11-3

4. 用【修剪】命令进行修剪,并用【删除】命令删除多余线条,如图 11-4 所示。

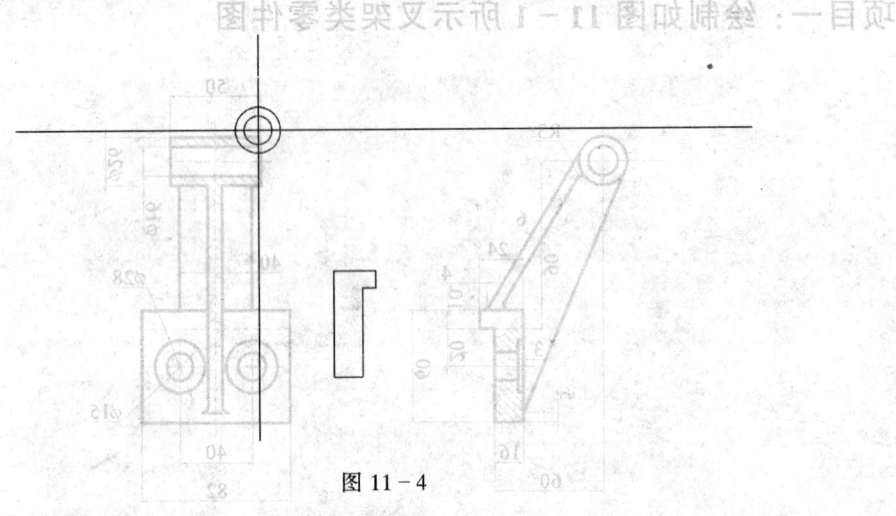

图 11-4

5. 用【偏移】命令进行偏移,用【修剪】命令修剪多余线条。如图 11-5 所示。

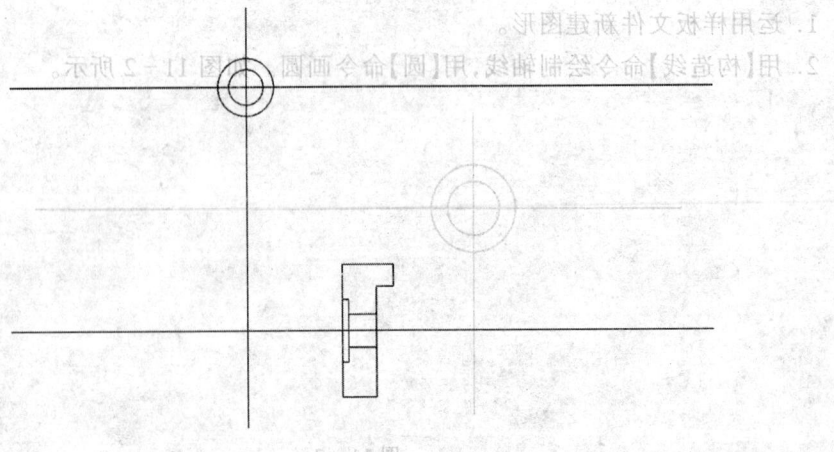

图 11-5

6. 用【直线】命令画直线,用【偏移】命令对直线进行偏移,用【倒圆角】命令倒圆角,并进行修剪,如图 11-6 所示。

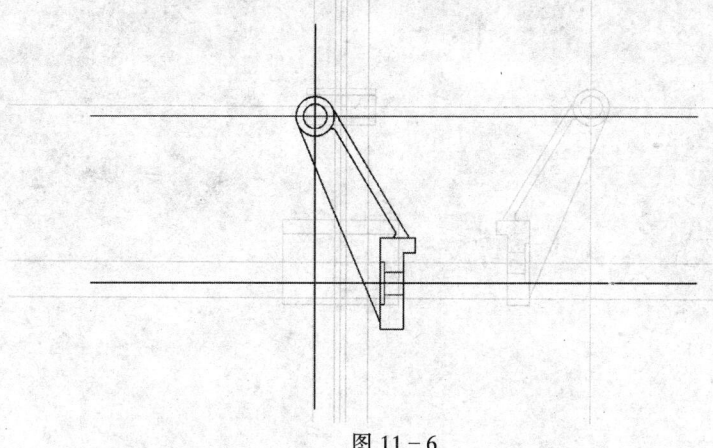

图 11-6

7. 用【构造线】命令画构造线,并用【偏移】命令对垂直构造线进行偏移,如图 11-7 所示。

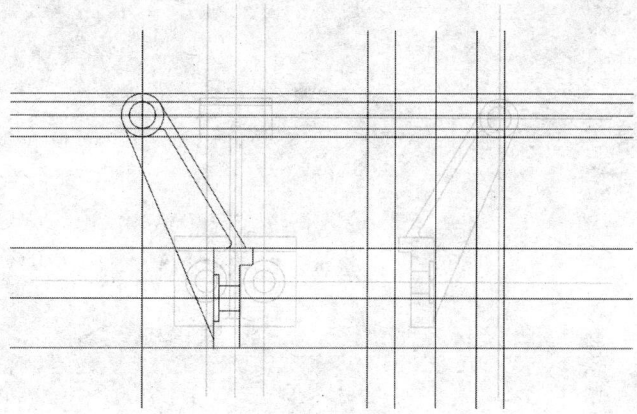

图 11-7

8. 用【修剪】命令进行修剪,如图 11-8 所示。

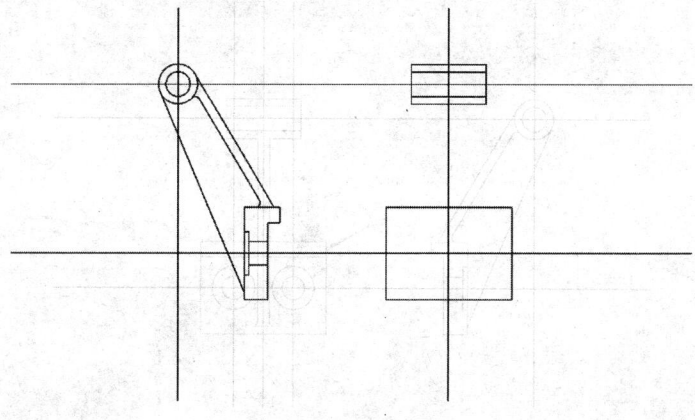

图 11-8

9. 用【偏移】命令进行偏移,用【构造线】命令画水平构造线,如图 11-9 所示。

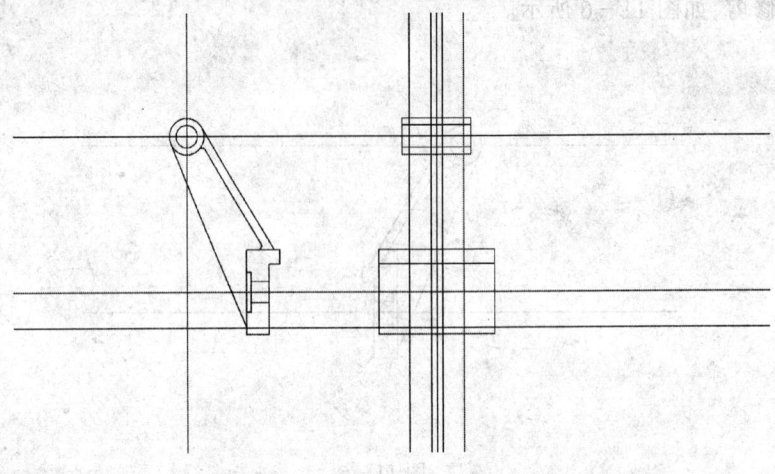

图 11-9

10. 用【圆弧】命令现画圆弧,用【修剪】命令修剪多余线条,如图 11-10 所示。

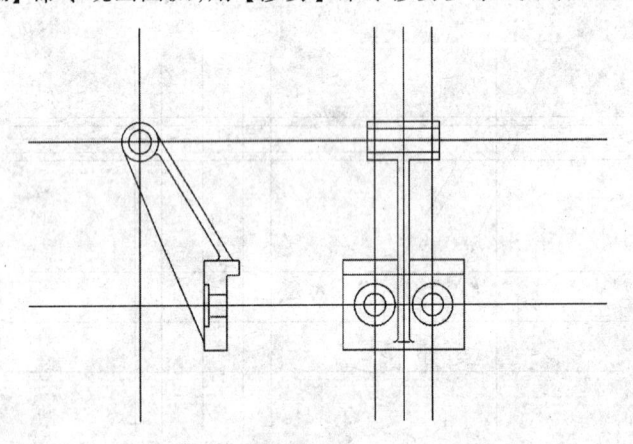

图 11-10

11. 用【偏移】命令确定中心线,用【圆】命令画圆,如图 11-11 所示。

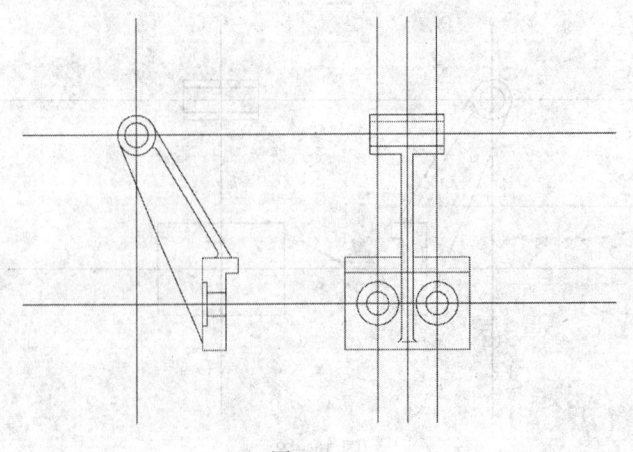

图 11-11

12. 用【打断】命令进行打断,用【修剪】命令修剪多余线条,如图 11-12 所示。

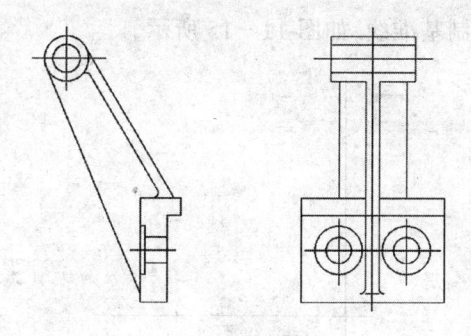

图 11-12

13. 用【图形填充】命令填充剖面线,修改线型,整理图形,如图 11-13 所示。

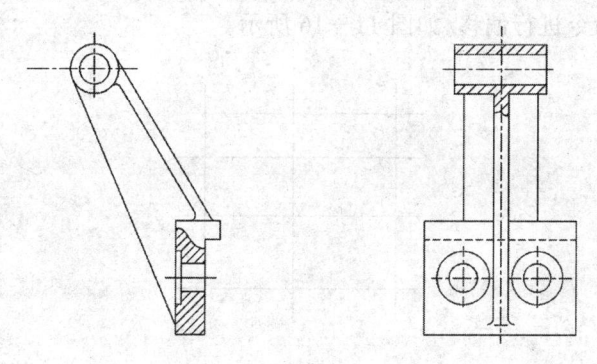

图 11-13

14. 将"标注"层设为当前层,进行尺寸标注,如图 11-1 所示。
15. 用【保存】命令将图形赋名并保存。

项目二:绘制如图 11-14 所示箱体类零件图

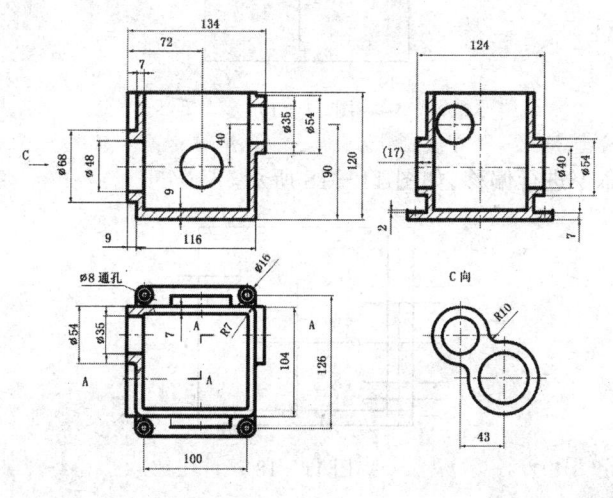

图 11-14

1. 运用样板文件新建图形。
2. 用【直线】命令绘制基准线,如图 11-15 所示。

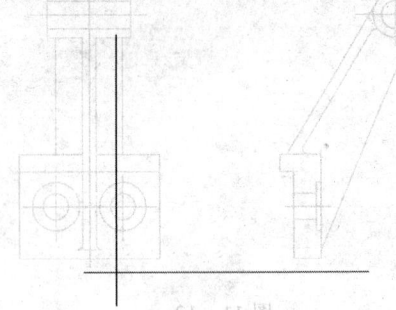

图 11-15

3. 用【偏移】命令进行偏移,如图 11-16 所示。

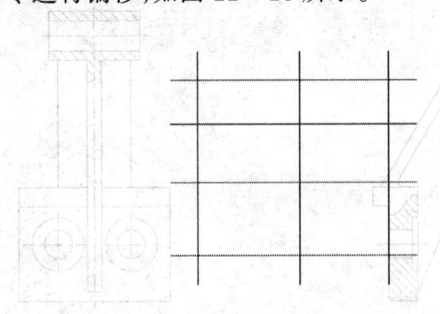

图 11-16

4. 用【修剪】命令进行修剪,如图 11-17 所示。

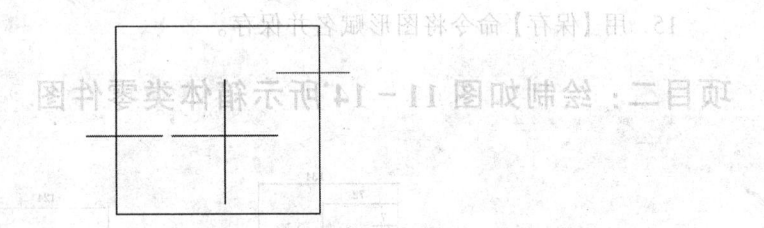

图 11-17

5. 用【偏移】命令进行偏移,如图 11-18 所示。

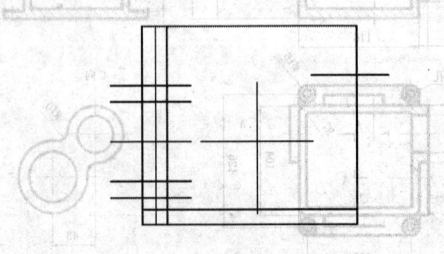

图 11-18

6. 用【修剪】命令进行修剪,如图 11-19 所示。

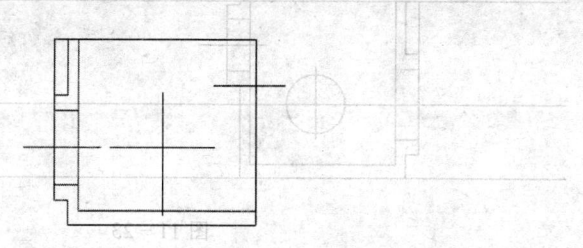

图 11-19

7. 用【偏移】命令进行偏移,如图 11-20 所示。

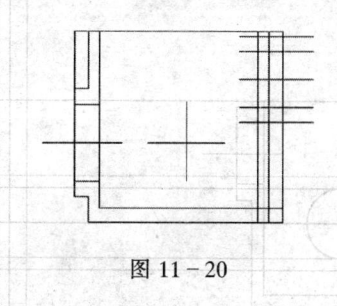

图 11-20

8. 用【修剪】命令进行修剪,如图 11-21 所示。

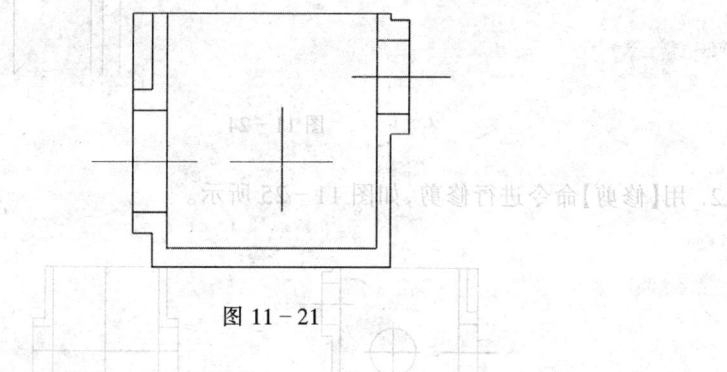

图 11-21

9. 用【圆】命令画圆,如图 11-22 所示。

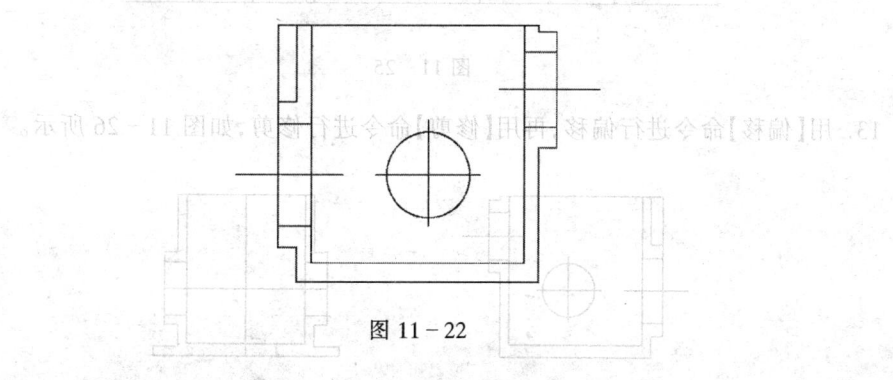

图 11-22

10. 用【构造线】命令绘制构造线,如图 11-23 所示。

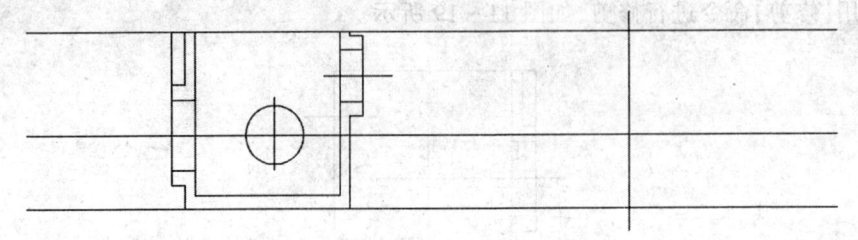

图 11-23

11. 用【偏移】命令进行偏移,如图 11-24 所示。

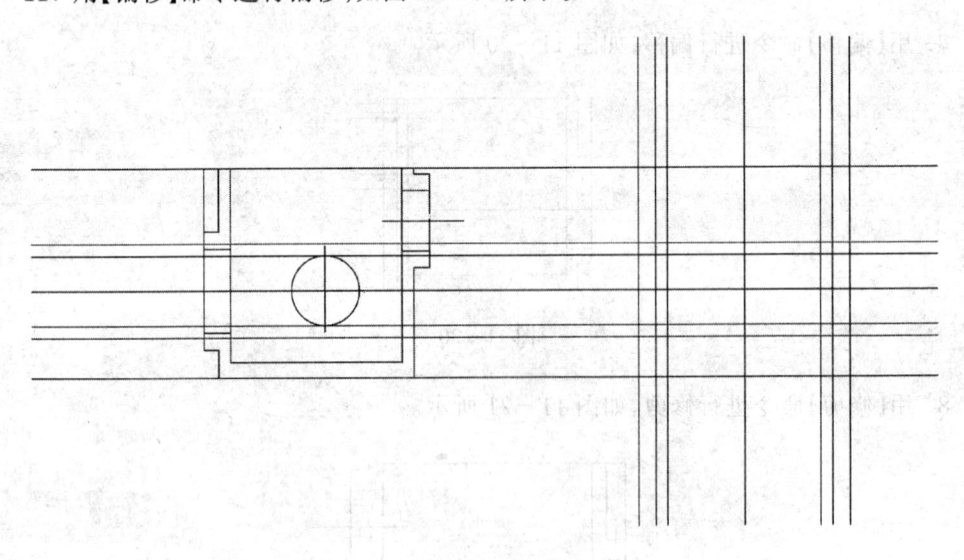

图 11-24

12. 用【修剪】命令进行修剪,如图 11-25 所示。

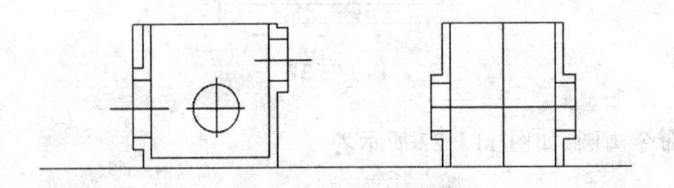

图 11-25

13. 用【偏移】命令进行偏移,再用【修剪】命令进行修剪,如图 11-26 所示。

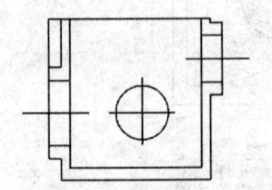

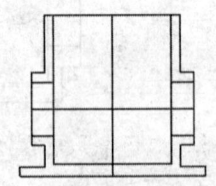

图 11-26

实训 11　绘制零件图 2

14. 用【偏移】、【修剪】命令绘制凸台,如图 11-27 所示。

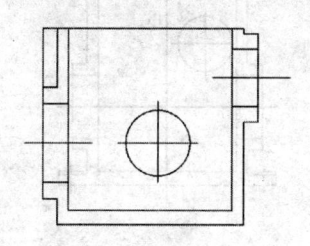

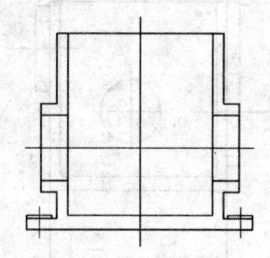

图 11-27

15. 用【直线】命令画中心线,用【圆】命令画圆,如图 11-28 所示。

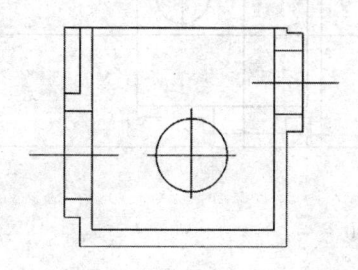

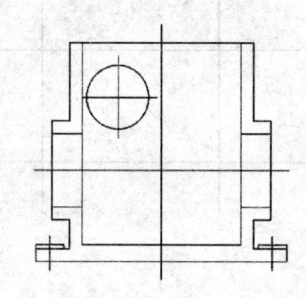

图 11-28

16. 用【复制】命令复制左视图,用【旋转】命令将其旋转-90°,如图 11-29 所示。

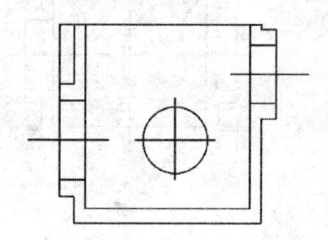

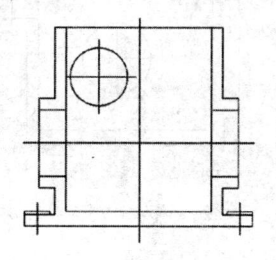

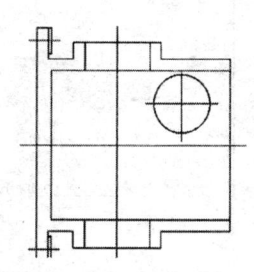

图 11-29

17. 用【构造线】命令绘制构造线,如图 11-30 所示。

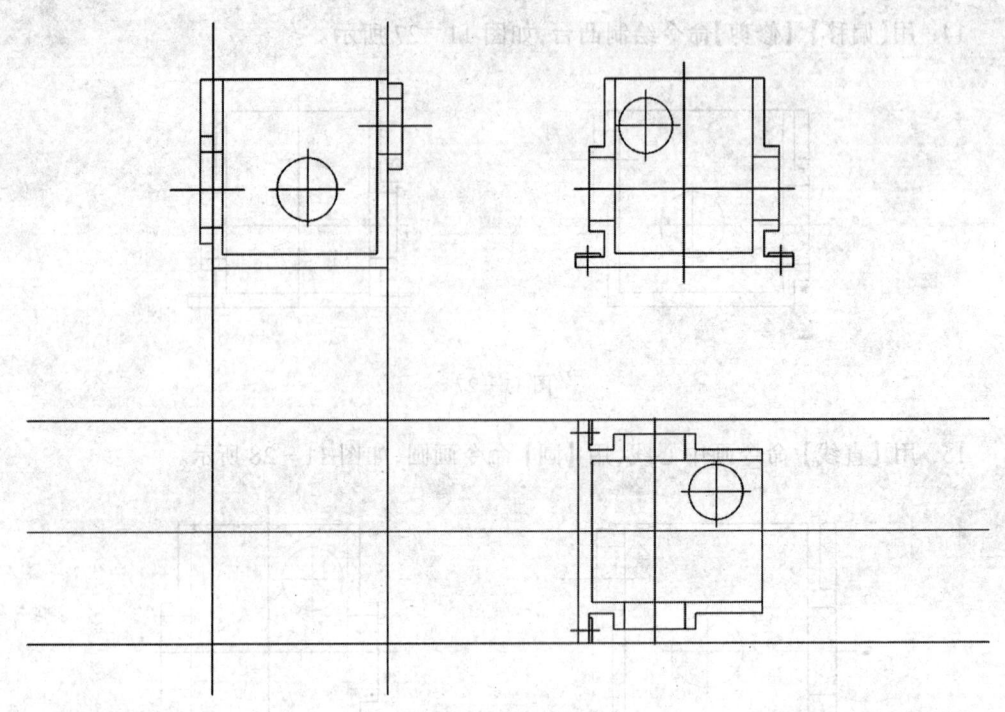

图 11 – 30

18. 用【修剪】命令进行修剪,如图 11 – 31 所示。

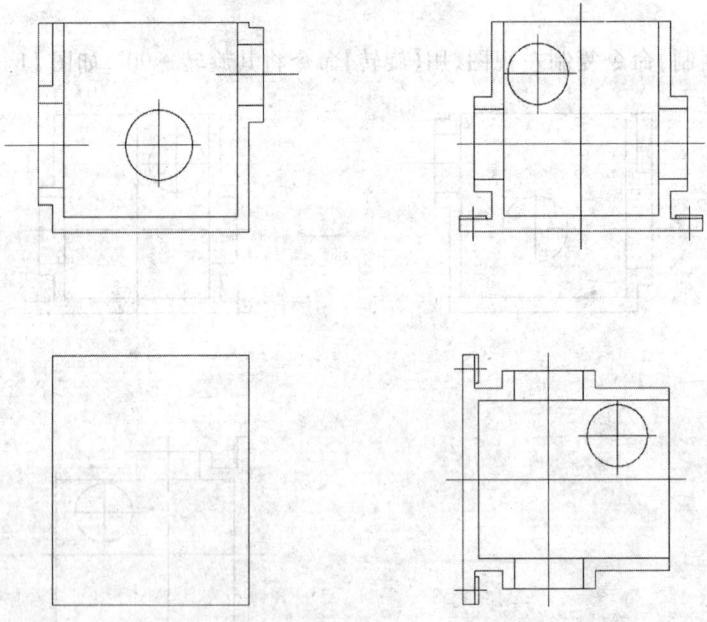

图 11 – 31

19. 用【偏移】命令确定中心线,用【圆】命令画圆,用【修剪】命令进行修剪,如图 11 – 32 所示。

实训 11　绘制零件图 2

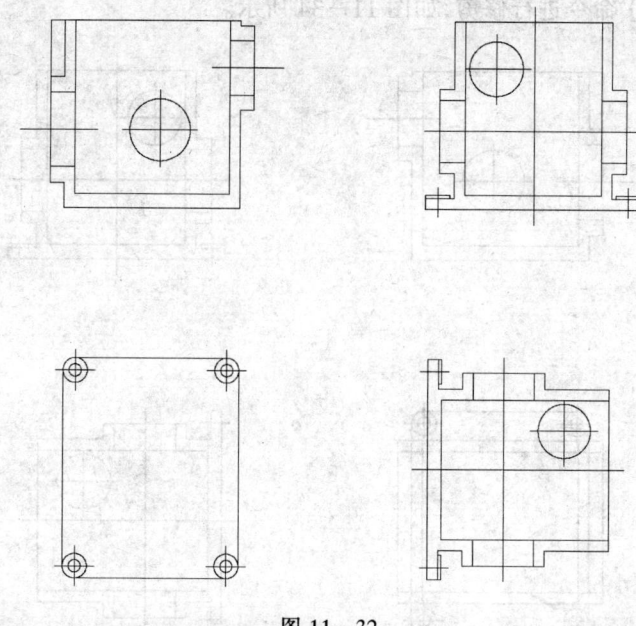

图 11-32

20. 用【构造线】命令画水平、垂直构造线，如图 11-33 所示。

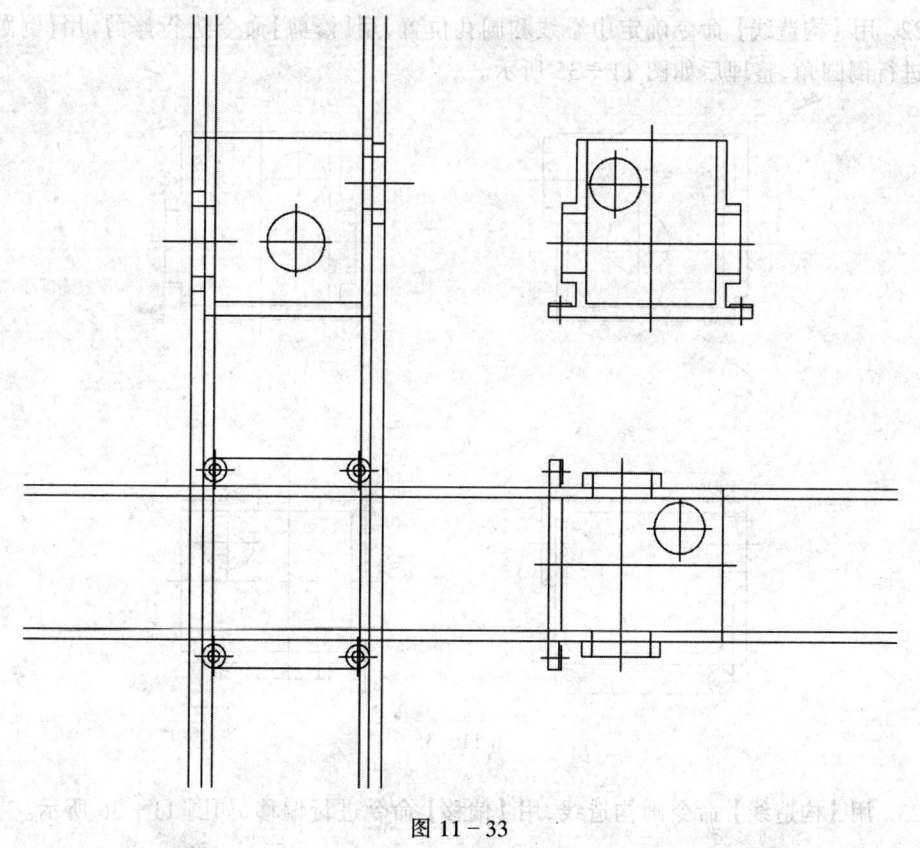

图 11-33

21. 用【修剪】命令进行修剪,如图 11-34 所示。

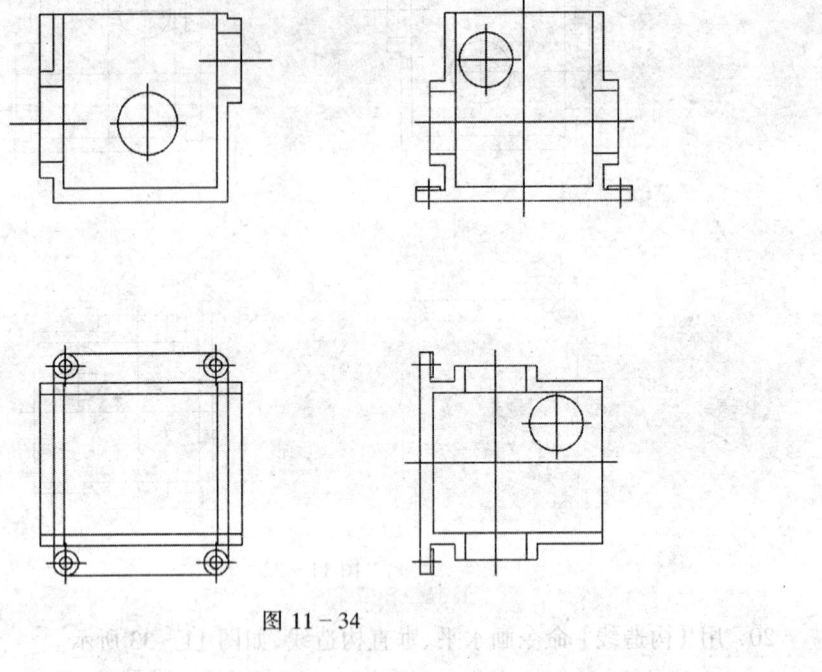

图 11-34

22. 用【构造线】命令确定中心线和圆孔位置,用【修剪】命令进行修剪,用【倒圆角】命令进行倒圆角,整理后如图 11-35 所示。

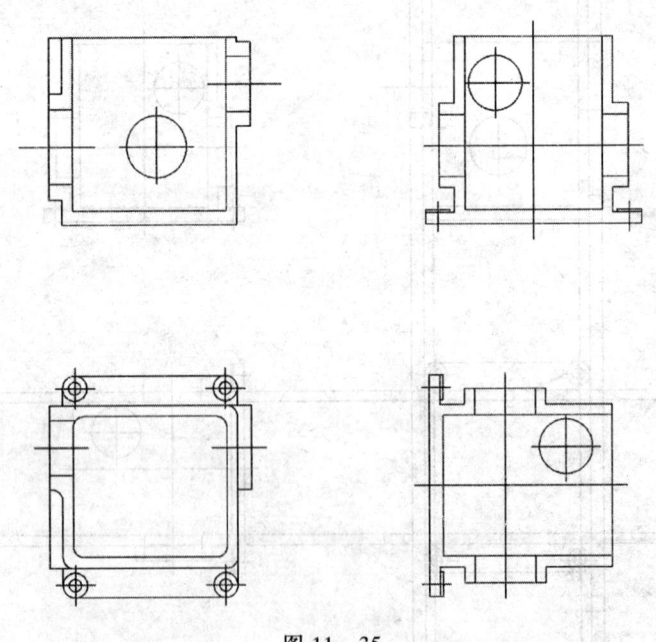

图 11-35

23. 用【构造线】命令画构造线,用【偏移】命令进行偏移,如图 11-36 所示。

实训11　绘制零件图2

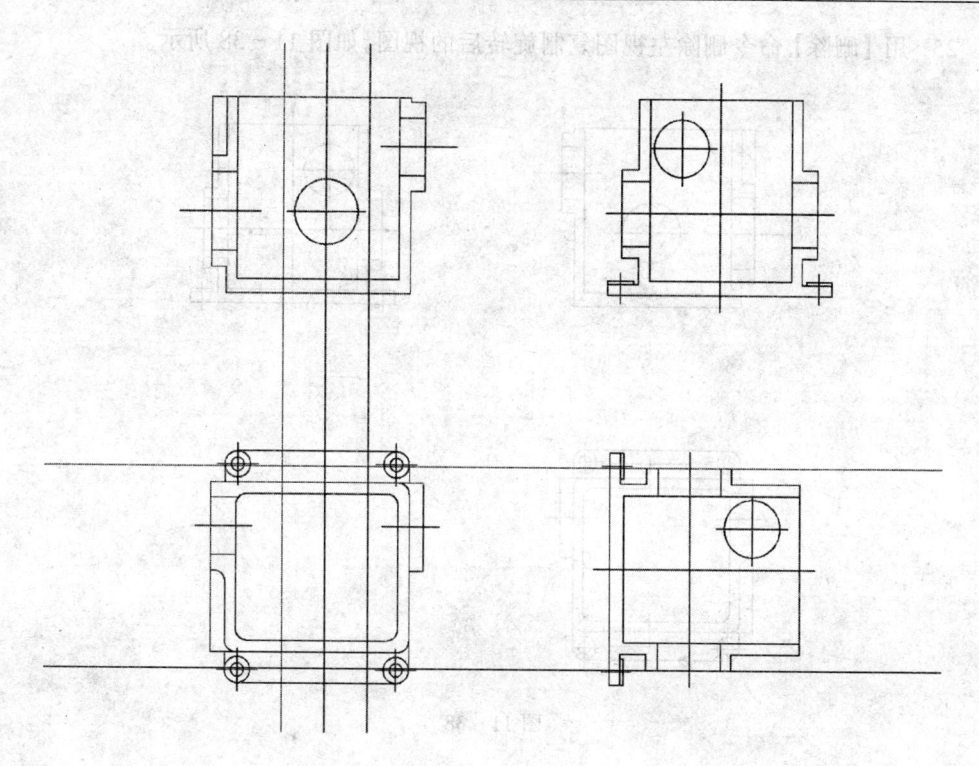

图 11-36

24. 用【修剪】命令进行修剪,如图 11-37 所示。

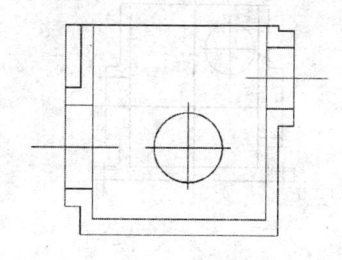

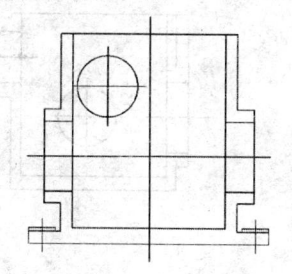

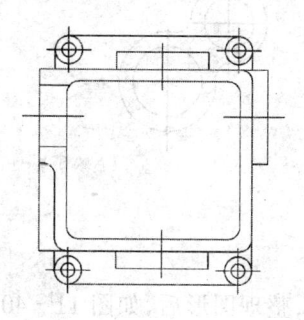

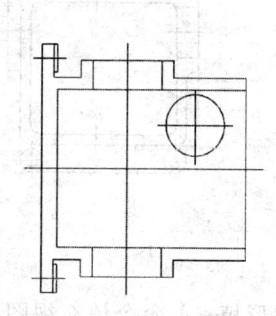

图 11-37

25. 用【删除】命令删除左视图复制旋转后的视图,如图 11-38 所示。

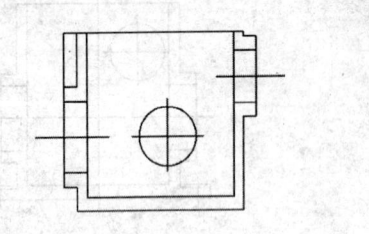

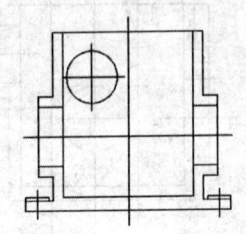

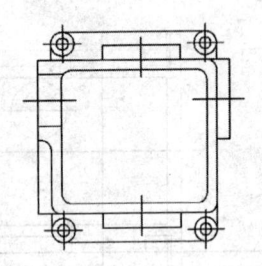

图 11-38

26. 用【直线】、【圆】命令绘制 C 向视图,如图 11-39 所示。

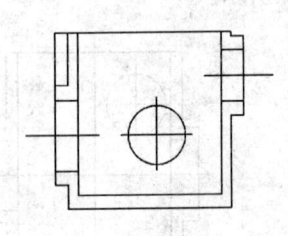

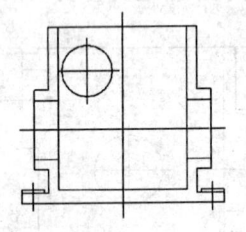

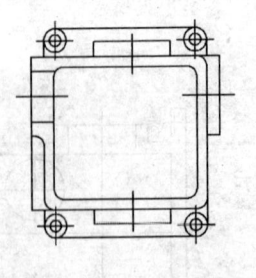

图 11-39

27. 用【图形填充】命令填充视图,修改线型,整理图形后,如图 11-40 所示。

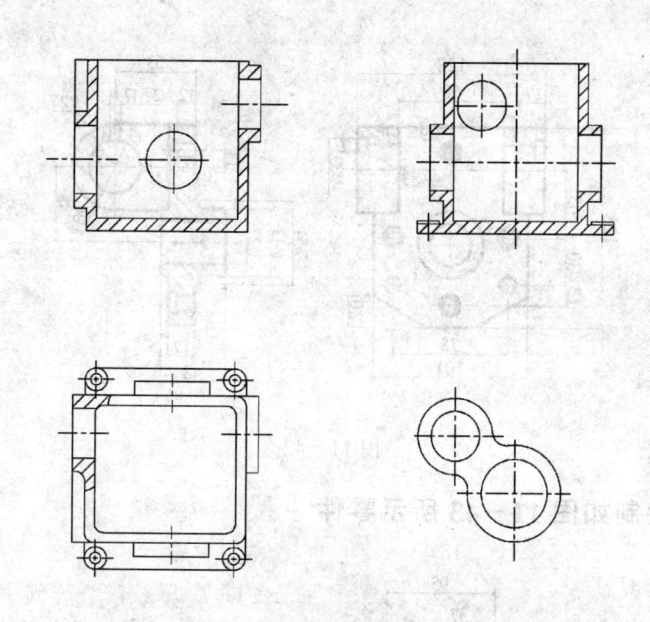

图 11-40

28. 将"标注"层设为当前层,进行尺寸标注,如图 11-14 所示。
29. 用【保存】命令将图形赋名并保存。

三、课后训练

练习一:绘制如图 11-41 所示零件

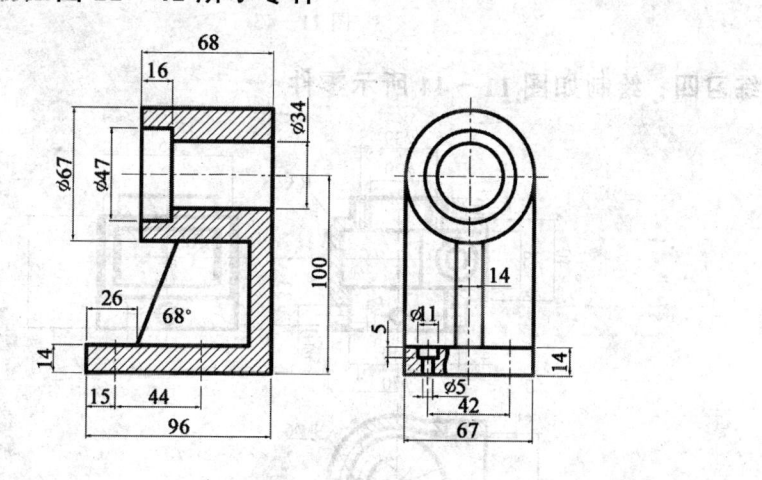

图 11-41

练习二：绘制如图 11-42 所示零件

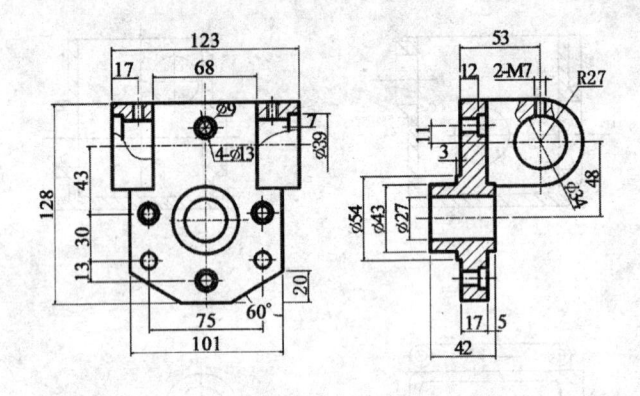

图 11-42

练习三：绘制如图 11-43 所示零件

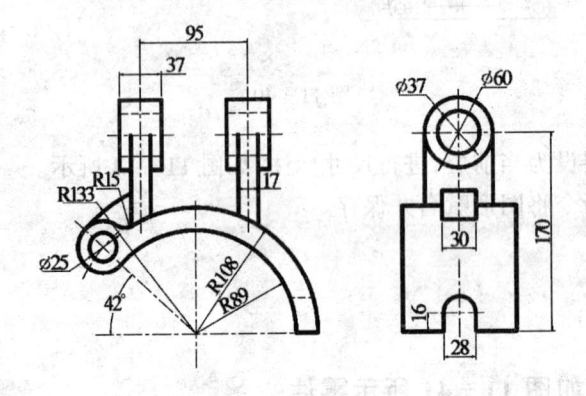

图 11-43

练习四：绘制如图 11-44 所示零件

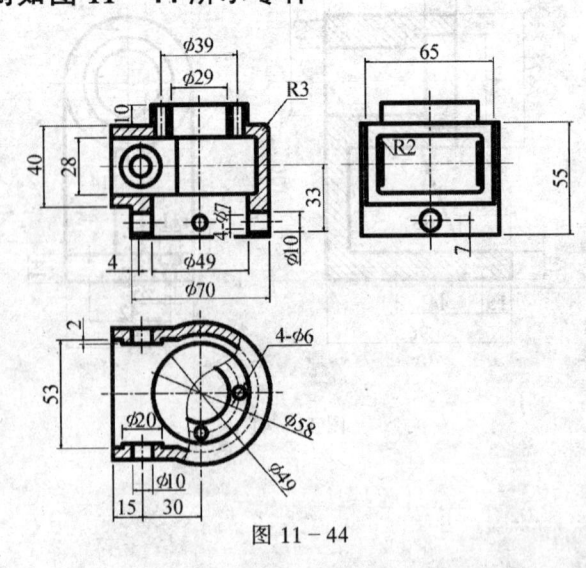

图 11-44

练习五：绘制如图 11-45 所示零件

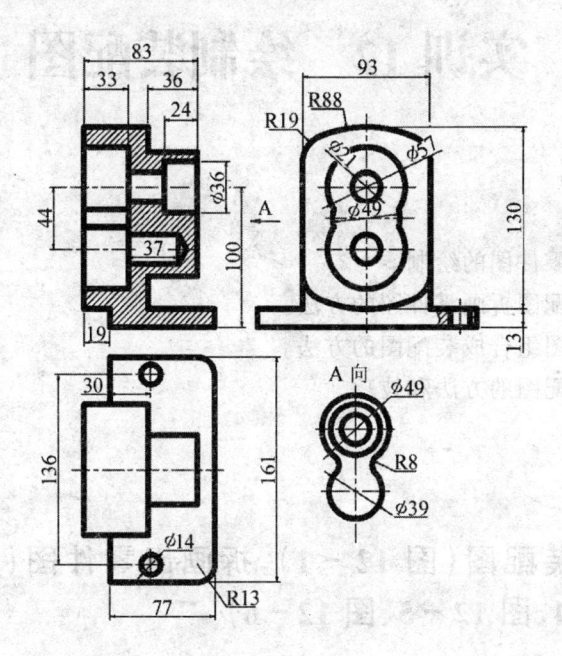

图 11-45

实训 12 绘制装配图

一、实训目的

1. 进一步掌握零件图的绘制。
2. 掌握根据装配图拆画零件图的方法。
3. 掌握由零件图组合成装配图的方法。
4. 掌握绘制装配图的方法和技巧。

二、实训演练

项目一：根据装配图（图 12-1），拆画出零件图（如图 12-2、图 12-3、图 12-4、图 12-5、图 12-6）

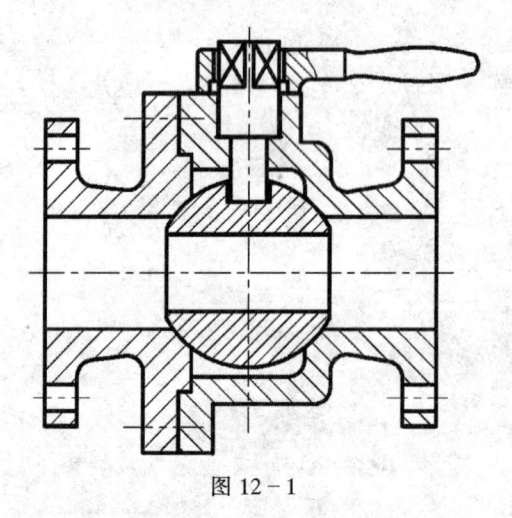

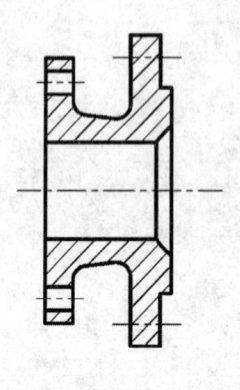

图 12-1

图 12-2

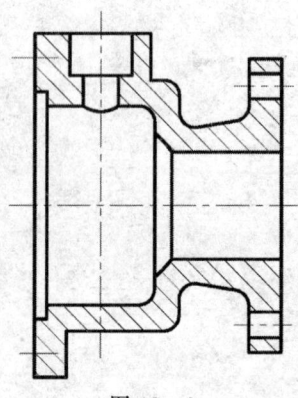

图 12-3

实训 12　绘制装配图　　·103·

图 12-4

图 12-5

图 12-6

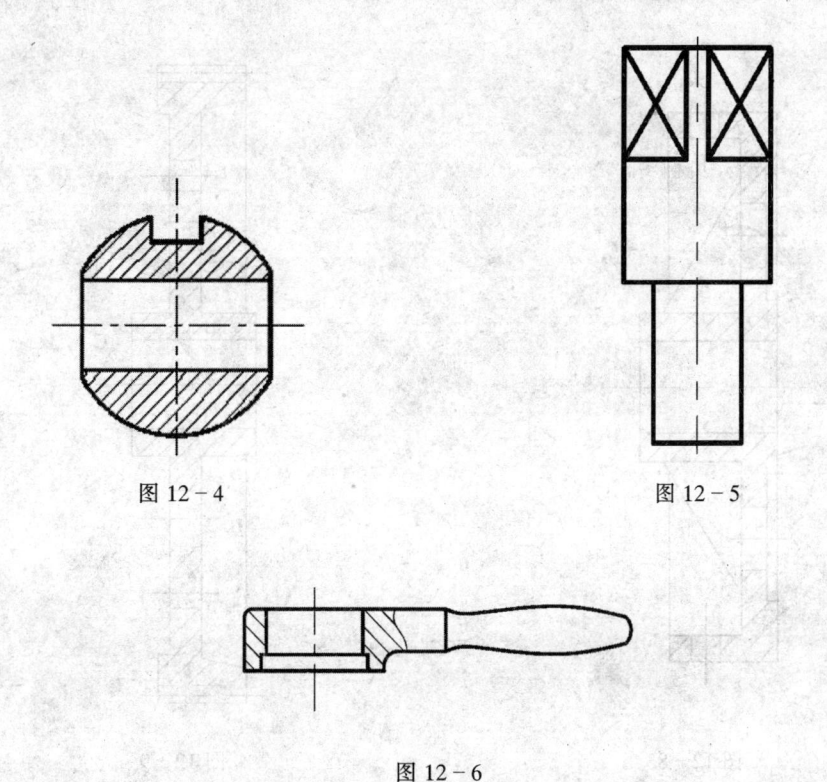

提示：先打开装配图文件，再创建一个新文件，将这两个图形文件水平平铺或垂直平铺地布置在主窗口中，然后通过复制命令'，就可以把装配图中的零件图样复制到新文件，最后进行图形整理。

项目二：由零件图如图 12-7、图 12-8、图 12-9、图 12-10、图 12-11组合成装配图如图 12-12

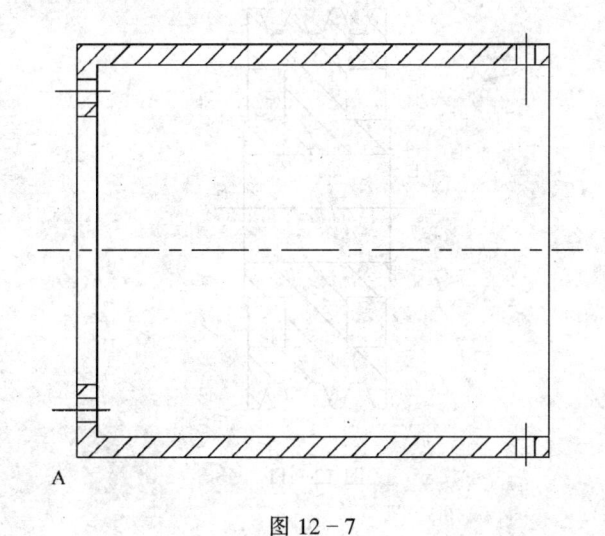

图 12-7

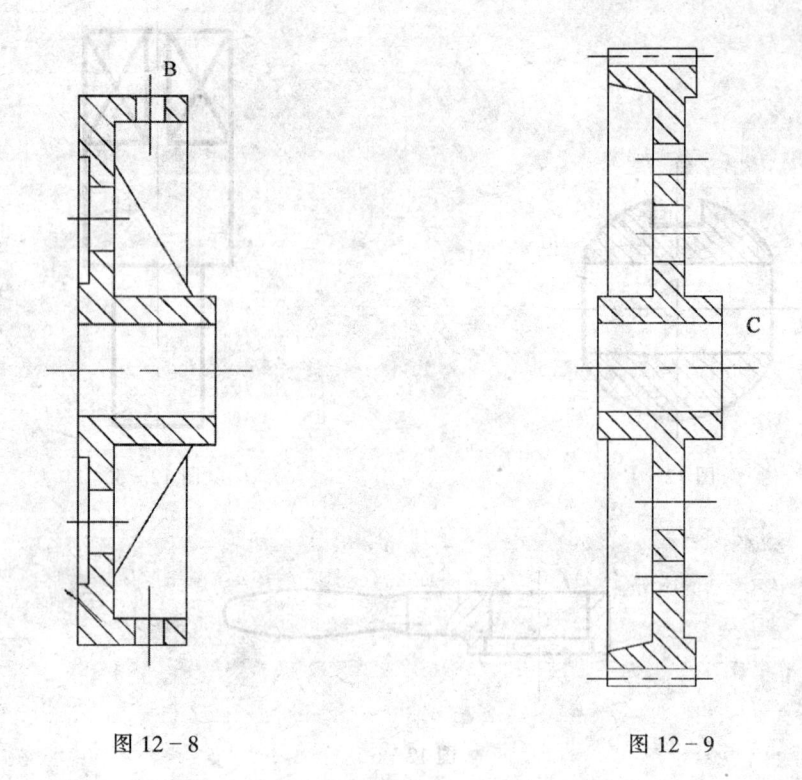

图 12-8

图 12-9

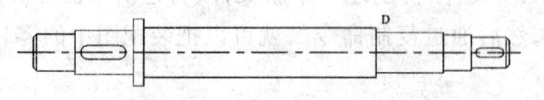

图 12-10

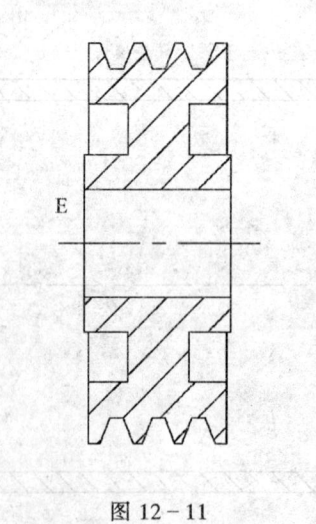

图 12-11

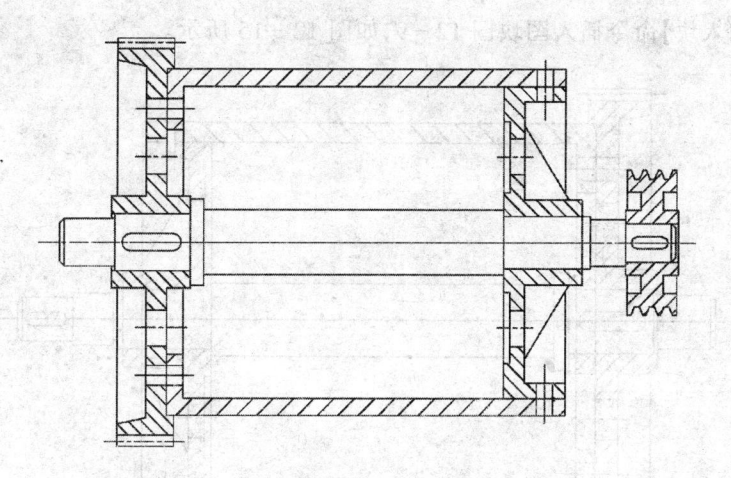

图 12-12

1. 用【写块】命令将零件图分别定义为块如图 12-7、图 12-8、图 12-9、图 12-10、图 12-11 所示,选取图中 A、B、C、D、E 作为写块的基点。
2. 运用样板文件新建图形。
3. 用【插入块】命令插入图块图 12-7。
4. 用【插入块】命令插入图块图 12-8,如图 12-13 所示。

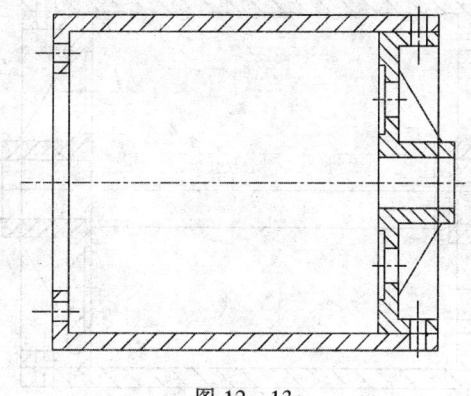

图 12-13

5. 用【插入块】命令插入图块图 12-10,如图 12-14 所示。

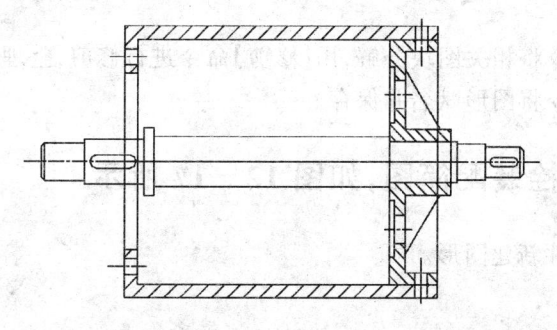

图 12-14

6. 用【插入块】命令插入图块图 12-9,如图 12-15 所示。

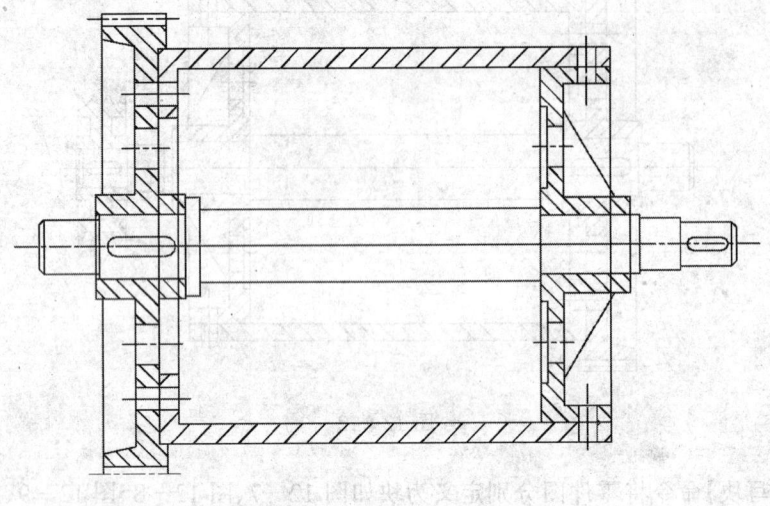

图 12-15

7. 用【插入块】命令插入图块图 12-11,如图 12-16 所示。

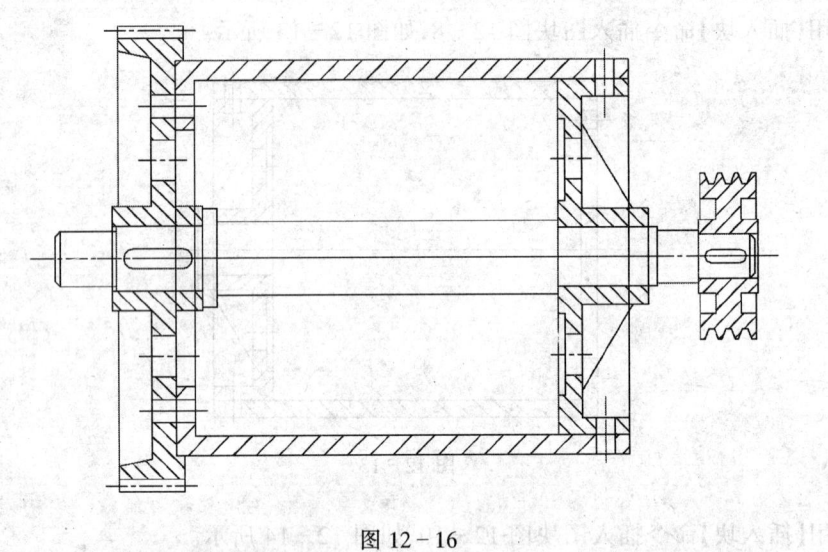

图 12-16

8. 用【分解】命令将相关图块分解,用【修剪】命令进行修剪,整理如图 12-12 所示。
9. 用【保存】命令将图形赋名并保存。

项目三:绘制螺栓装配简图,如图 12-17 所示

1. 运用样板文件新建图形。

实训 12　绘制装配图

图 12-17

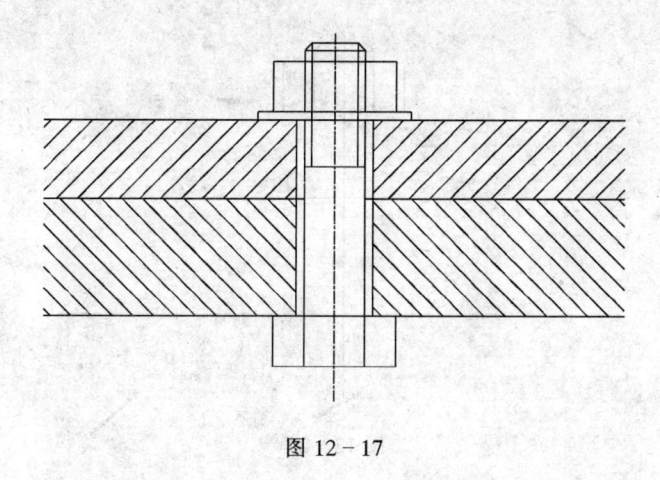

2. 用【直线】、【偏移】命令绘制中心线和两连接板,如图 12-18 所示。

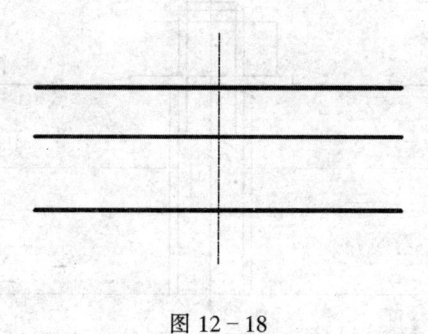

图 12-18

3. 用【偏移】、【修剪】命令绘制垫片和螺母轮廓,并改变其线型,如图 12-19 所示。

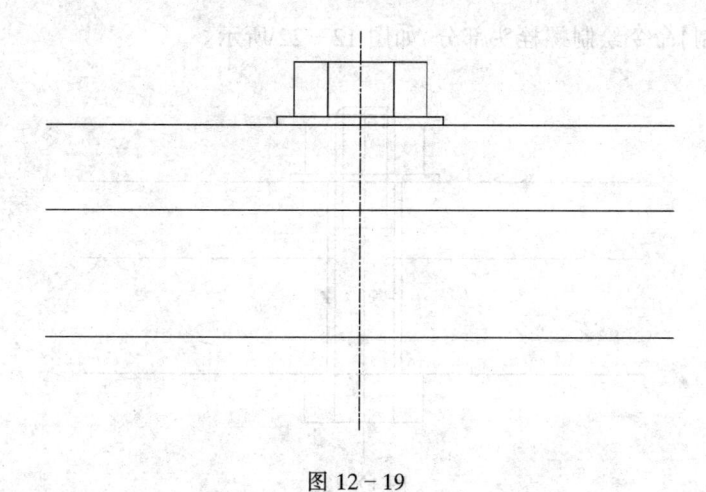

图 12-19

4. 用【偏移】、【延伸】、【倒角】命令绘制部分螺栓,如图 12-20 所示。

图 12-20

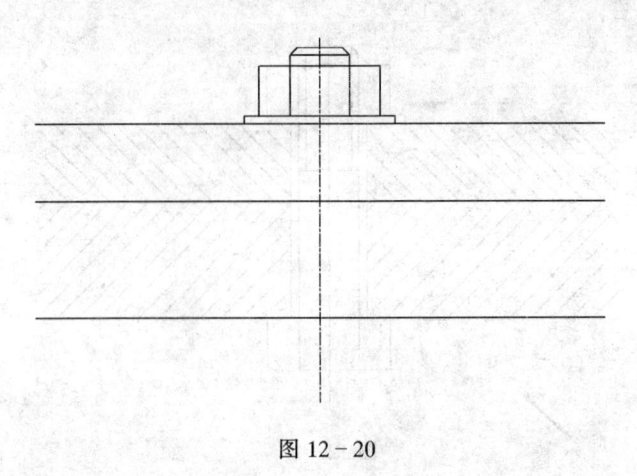

5. 用【偏移】、【修剪】命令绘制螺杆,并改变其线型,如图 12-21 所示。

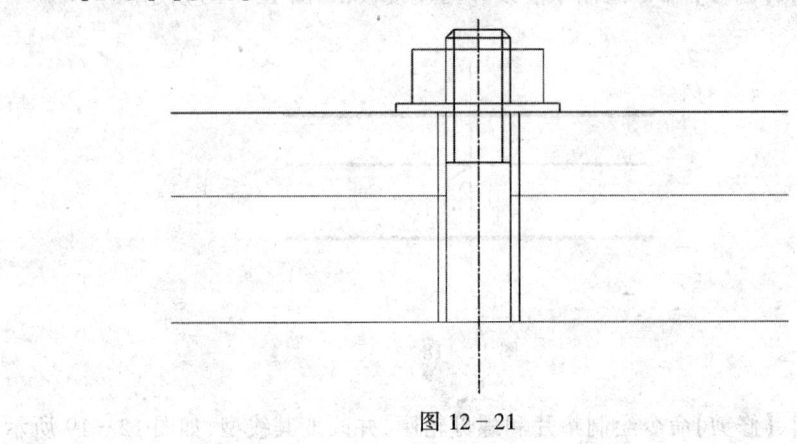

图 12-21

6. 用【复制】命令绘制螺栓头部分,如图 12-22 所示。

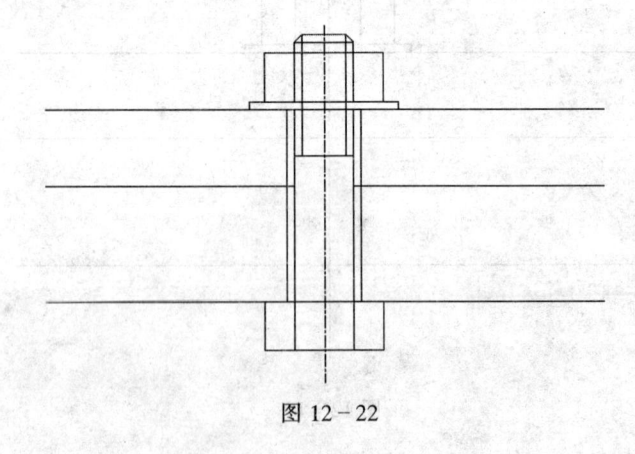

图 12-22

7. 用【直线】命令绘制剖面辅助线,如图 12-23 所示。
8. 用【图案填充】命令进行图案填充,用【删除】命令删除辅助线,这样就完成了螺栓装配简图的绘制,如图 12-17 所示。

图 12-23

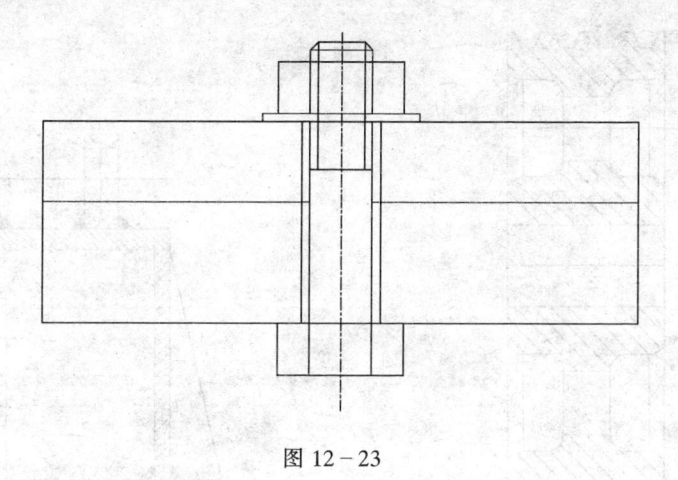

9. 用【保存】命令将图形赋名并保存。

三、课后训练

由零件图如图 12-24、图 12-25、图 12-26、图 12-27、图 12-28 组合成装配图如图 12-29。

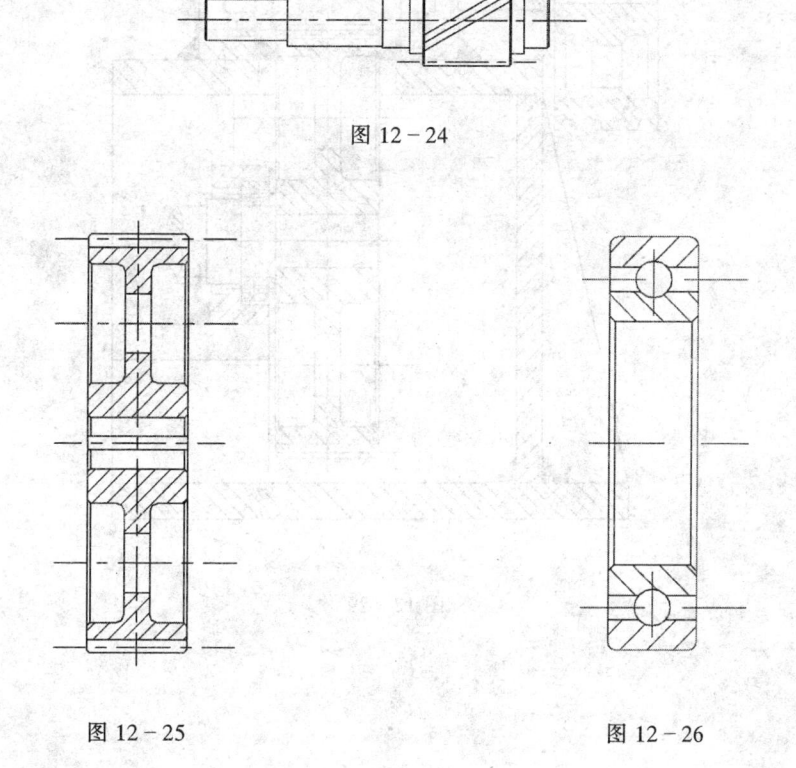

图 12-24

图 12-25　　　　　　　　　　　　图 12-26

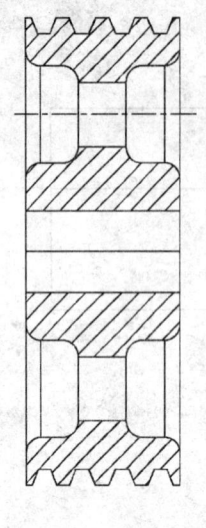

图 12-27

图 12-28

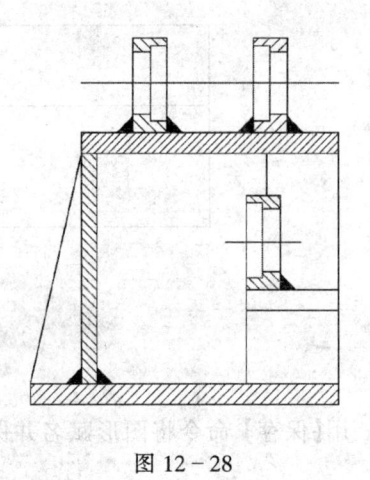

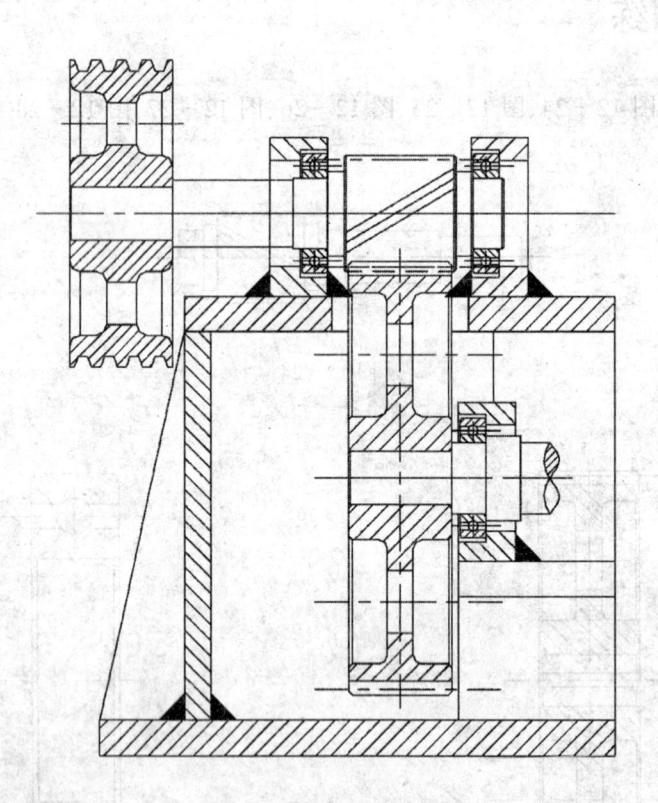

图 12-29

实训 13　绘制轴测图 1

一、实训目的

1．掌握零件轴测图的绘制。
2．掌握绘制轴测图的方法和技巧。
3．进一步掌握轴测图的尺寸标注。

二、实训演练

项目一：绘制如图 13－1 所示轴测图

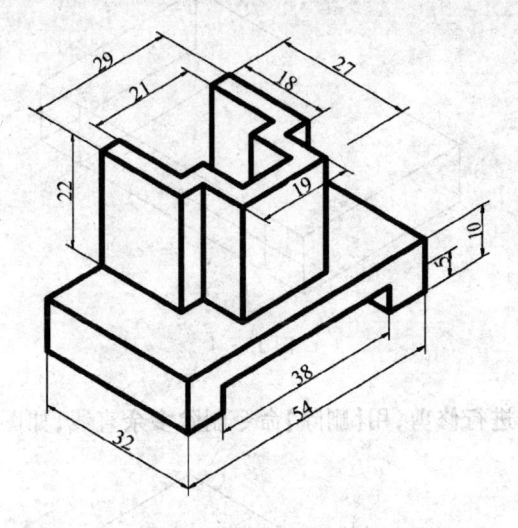

图 13－1

1．运用样板文件新建图形。
2．将"轮廓"层设为当前层,打开"等轴测捕捉"、"正交"模式,用【直线】命令在左轴测面绘制矩形,如图 13－2 所示。

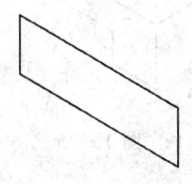

图 13－2

3. 用 F5 切换到水平轴测面,用【复制】命令复制矩形,如图 13-3 所示。

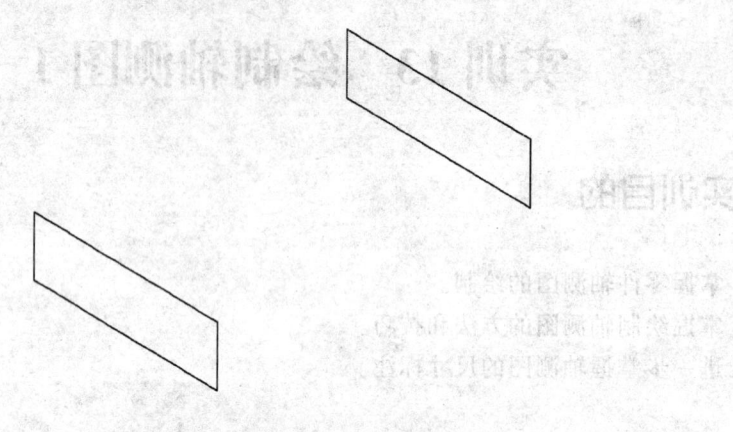

图 13-3

4. 用【直线】连接直线,用【复制】命令复制直线,如图 13-4 所示。

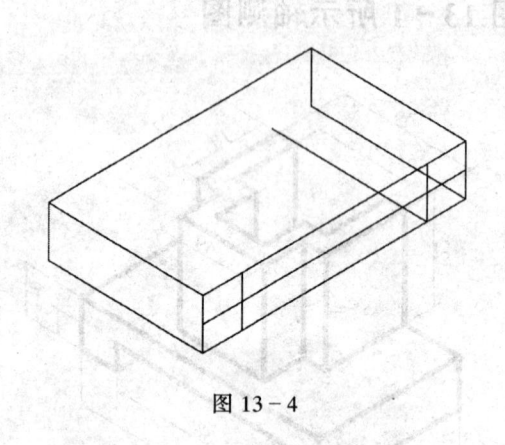

图 13-4

5. 用【修剪】命令进行修剪,用【删除】命令删除多余直线,如图 13-5 所示。

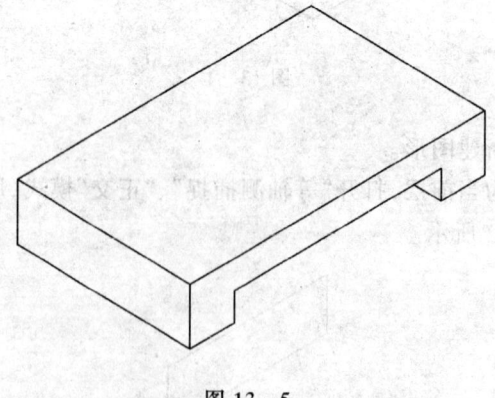

图 13-5

6. 运用"捕捉自"模式,用【直线】画直线,如图 13-6 所示。

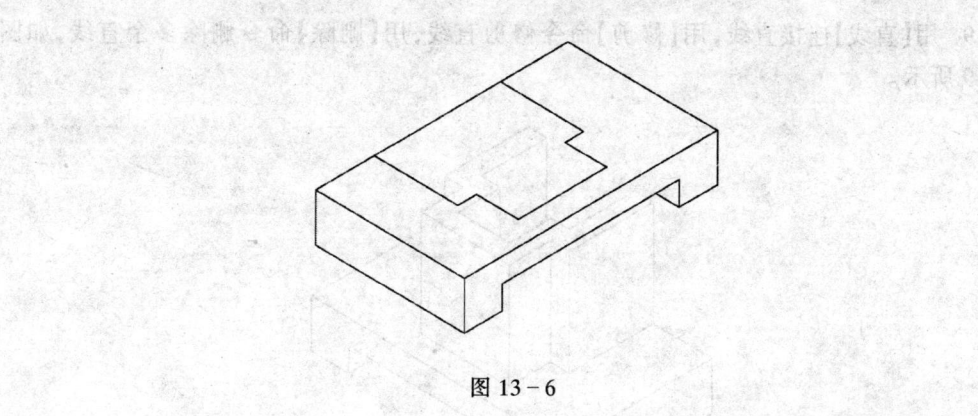

图 13-6

7. 用 F5 切换到左轴测面,用【复制】命令复制上步所画图形,如图 13-7 所示。

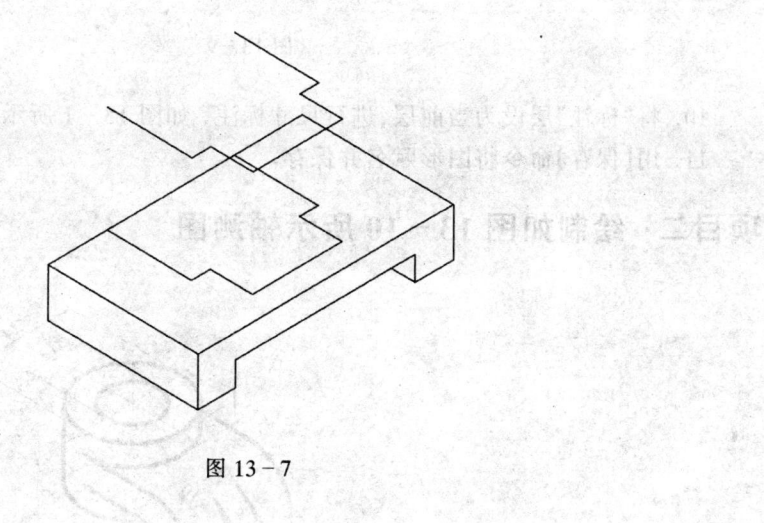

图 13-7

8. 用【直线】画直线,如图 13-8 所示。

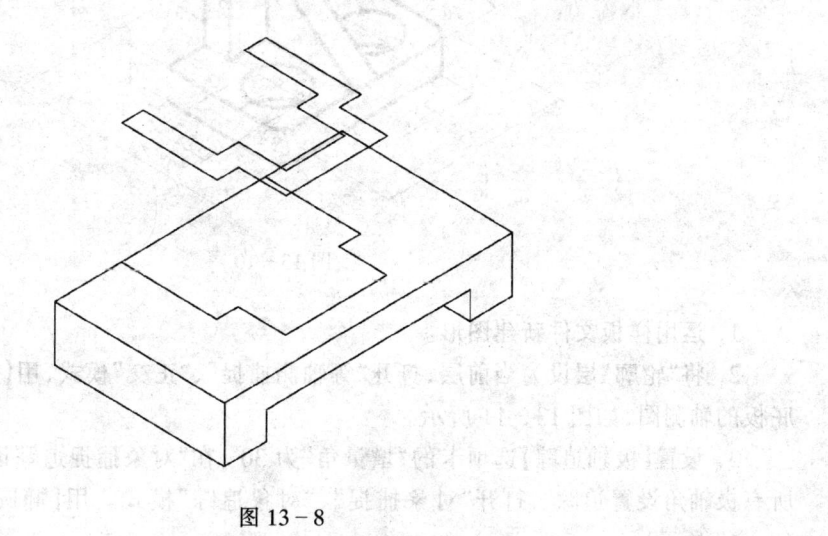

图 13-8

9. 用【直线】连接直线,用【修剪】命令修剪直线,用【删除】命令删除多余直线,如图 13-9 所示。

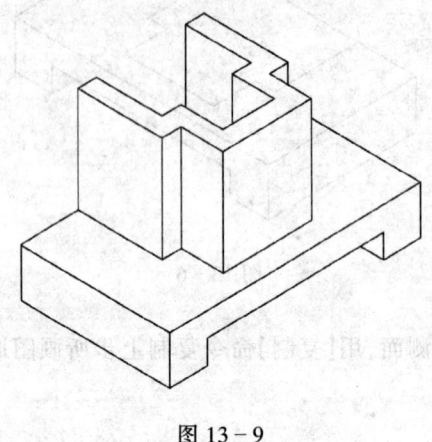

图 13-9

10. 将"标注"层设为当前层,进行尺寸标注,如图 13-1 所示。
11. 用【保存】命令将图形赋名并保存。

项目二：绘制如图 13-10 所示轴测图

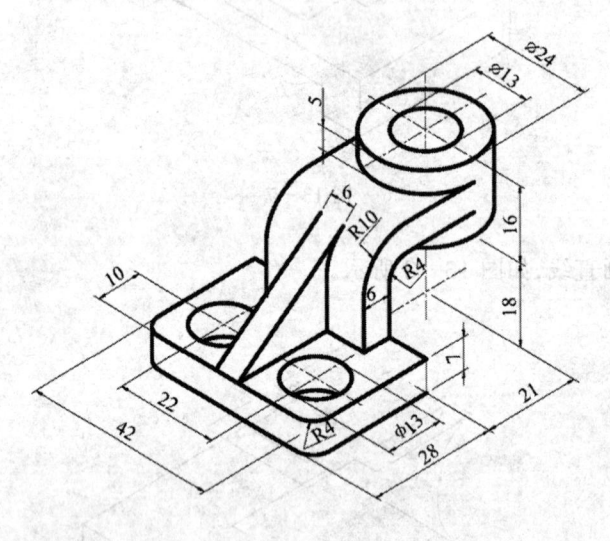

图 13-10

1. 运用样板文件新建图形。
2. 将"轮廓"层设为当前层,打开"等轴测捕捉"、"正交"模式,用【直线】命令画长方形底板的轴测图,如图 13-11 所示。
3. 设置【极轴追踪】选项卡的"增量角"为 30°,在"对象捕捉追踪设置"区域中选择"用所有极轴角设置追踪",打开"对象捕捉"、"对象追踪"模式。用【椭圆】命令画椭圆,如图 13-12 所示。

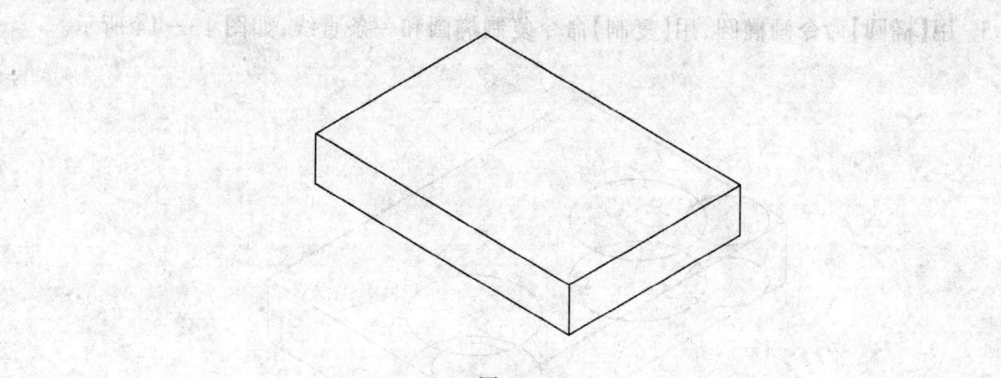

图 13-11

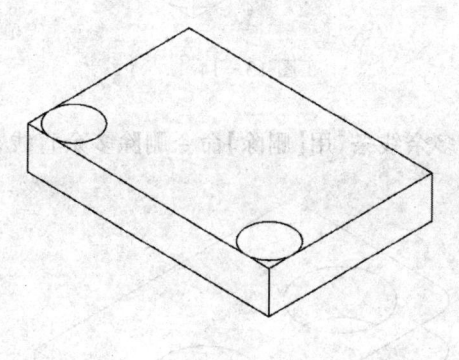

图 13-12

命令：ellipse
指定椭圆轴的端点或 [圆弧(A)/中心点(C)/等轴测圆(I)]：i
指定等轴测圆的圆心：tt   //建立临时追踪点
指定临时对象追踪点：4
指定等轴测圆的圆心：4
指定等轴测圆的半径或 [直径(D)]：4
4．用【复制】命令复制椭圆，如图 13-13 所示。

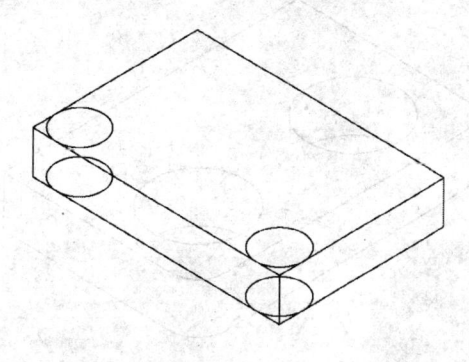

图 13-13

5. 用【椭圆】命令画椭圆,用【复制】命令复制椭圆和一条直线,如图 13-14 所示。

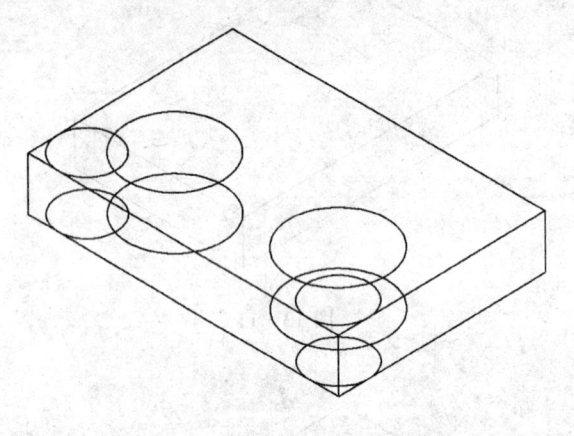

图 13-14

6. 用【修剪】命令修剪多余线条,用【删除】命令删除多余直线,如图 13-15 所示。

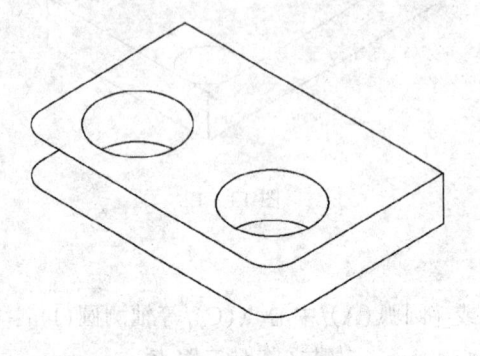

图 13-15

7. 将"对象捕捉模式"设置为"象限点",用【直线】命令画直线,用【修剪】命令进行修剪,用【删除】命令删除多余线条。如图 13-16 所示。

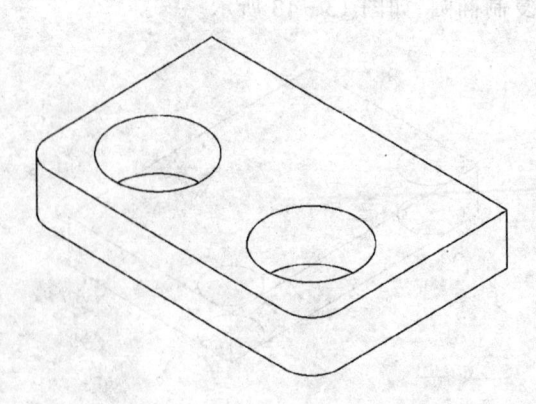

图 13-16

8. 用【直线】命令绘制线框,如图 13-17 所示。

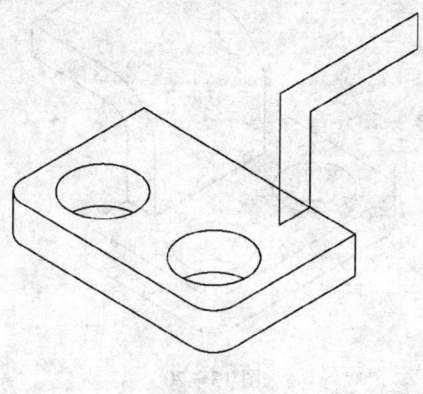

图 13-17

9. 用【椭圆】命令画椭圆,如图 13-18 所示。

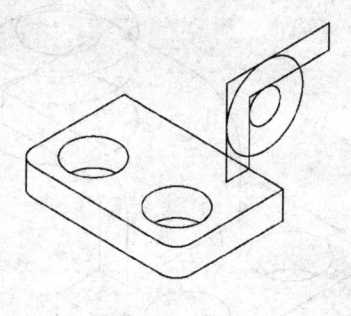

图 13-18

10. 用【修剪】命令进行修剪,如图 13-19 所示。

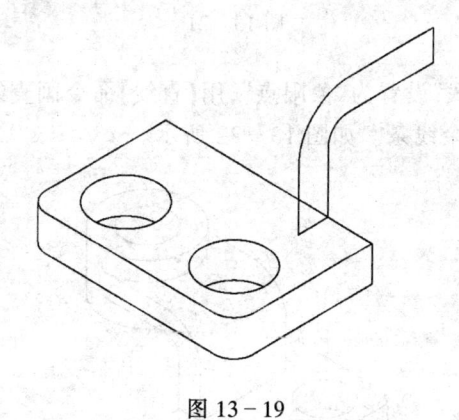

图 13-19

11. 用【复制】命令进行复制,用【直线】命令画直线,用【修剪】命令进行修剪,如图 13-20 所示。

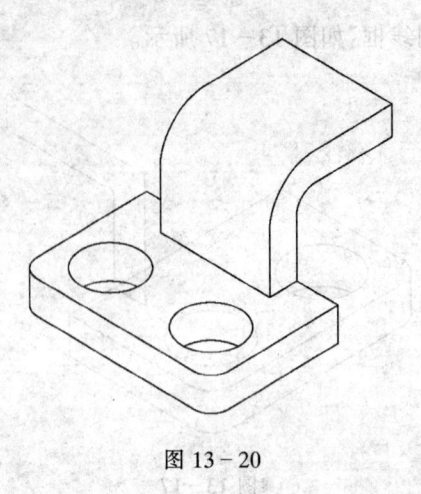

图 13-20

12. 用【椭圆】命令画椭圆,用【复制】命令进行复制,如图 13-21 所示。

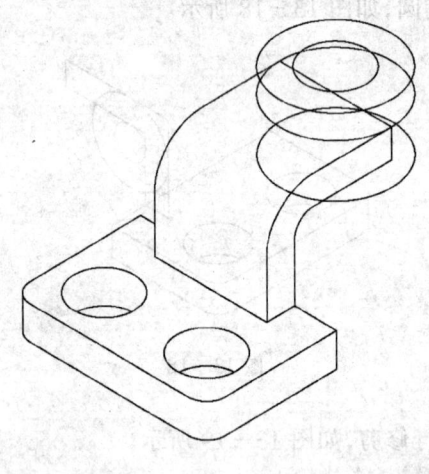

图 13-21

13. 将"对象捕捉模式"设置为"象限点",用【直线】命令画直线,用【修剪】命令进行修剪,用【删除】命令删除多余线条。如图 13-22 所示。

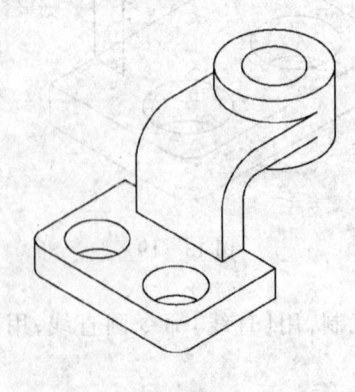

图 13-22

14. 用【复制】命令进行复制,用【直线】命令画直线,如图 13-23 所示。

15. 用【复制】命令进行复制,用【修剪】命令修剪多余线条。如图 13-24 所示。

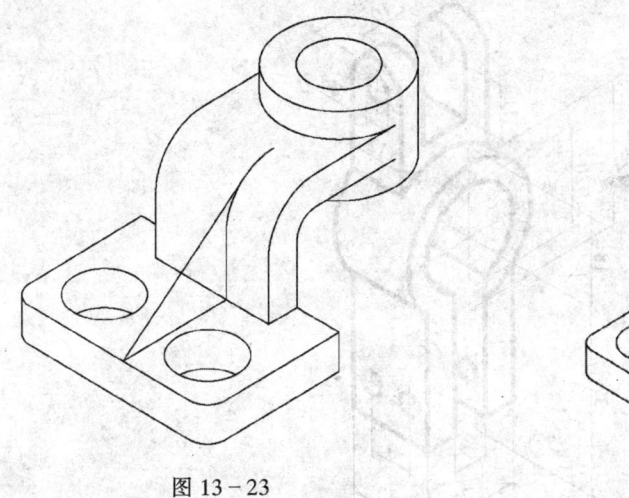

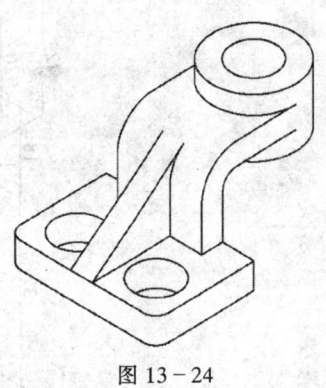

图 13-23

图 13-24

16. 将"标注"层设为当前层,进行尺寸标注,如图 13-10 所示。

17. 用【保存】命令将图形赋名并保存。

三、课后训练

练习一:绘制如图 13-25 所示轴测图

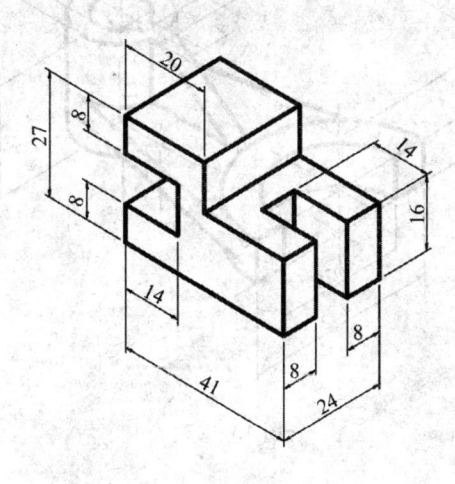

图 13-25

练习二：绘制如图 13-26 所示轴测图

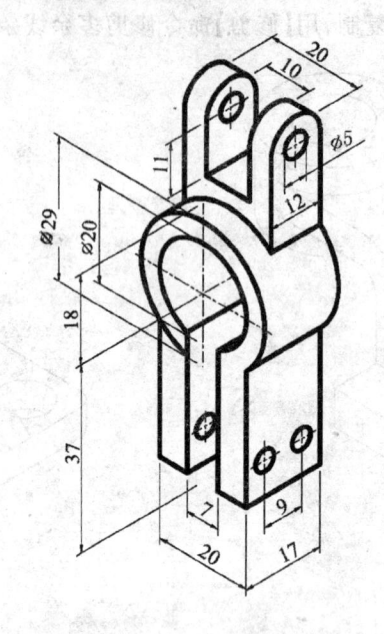

图 13-26

练习三：绘制如图 13-27 所示轴测图

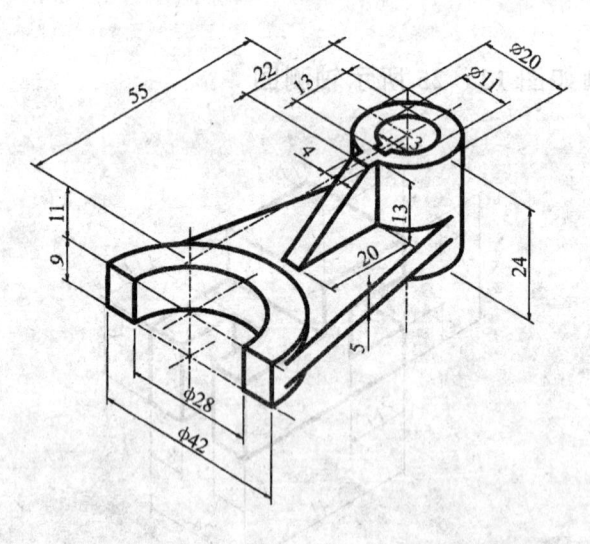

图 13-27

练习四：绘制如图 13－28 所示轴测图

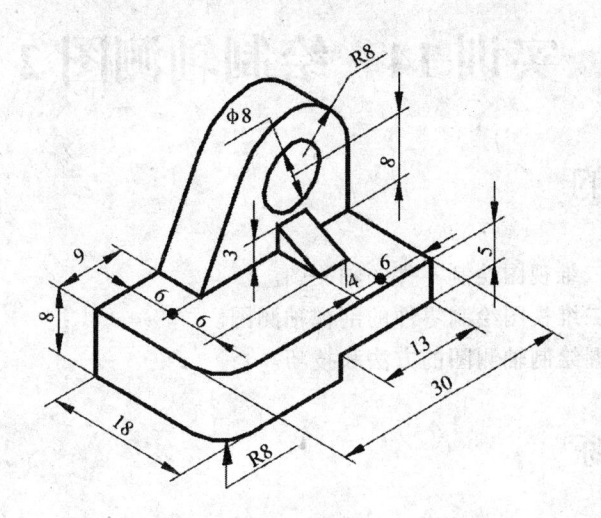

图 13－28

实训 14　绘制轴测图 2

一、实训目的

1. 掌握根据二维视图绘制零件的轴测图。
2. 掌握根据二维视图绘制零件的剖视轴测图。
3. 进一步掌握绘制轴测图的方法和技巧。

二、实训演练

项目一：根据二维视图如图 14-1 所示，绘制零件的轴测图和剖视轴测图

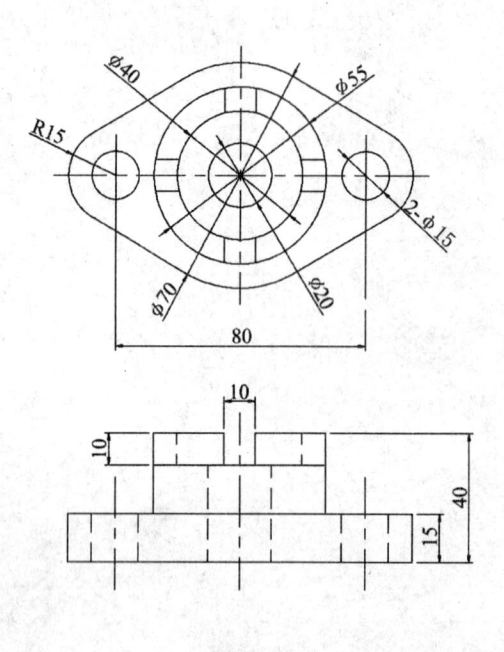

图 14-1

1. 运用样板文件新建图形。
2. 将"中心线"层设为当前层，打开"等轴测捕捉"、"正交"模式。
3. 用【直线】、【复制】和"夹点"编辑命令绘制中心线，如图 14-2 所示。

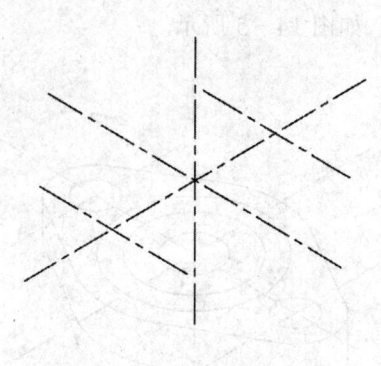

图 14-2

4. 将"轮廓线"层设为当前层,用【椭圆】命令画椭圆,用【直线】命令和"捕捉到切点"模式绘制切线,用【修剪】命令进行修剪,如图 14-3 所示。

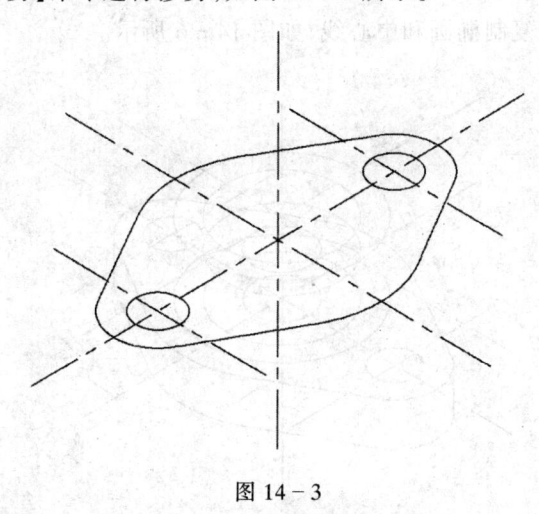

图 14-3

5. 用【复制】命令进行复制,用【直线】和"捕捉到象限点"模式绘制直线,用【修剪】命令修剪,并用【删除】命令删除多余线条,如图 14-4 所示。

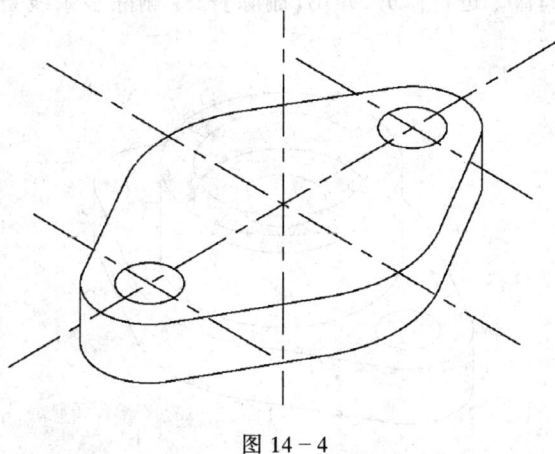

图 14-4

6. 用【椭圆】命令画椭圆,如图 14-5 所示。

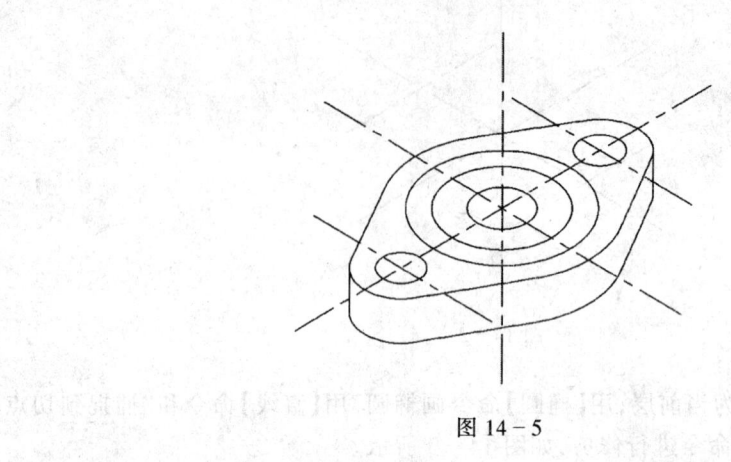

图 14-5

7. 用【复制】命令复制椭圆和中心线,如图 14-6 所示。

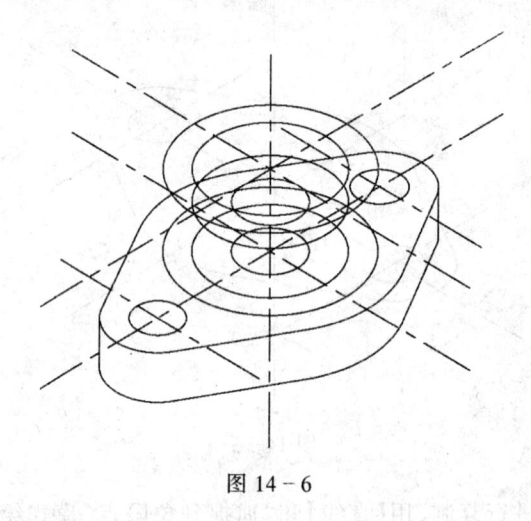

图 14-6

8. 用【直线】和"捕捉到象限点"模式绘制直线,用【复制】命令复制中心线,改变其线型为轮廓线。用【修剪】命令进行修剪,并用【删除】命令删除多余线条,关闭中心线层,如图 14-7 所示。

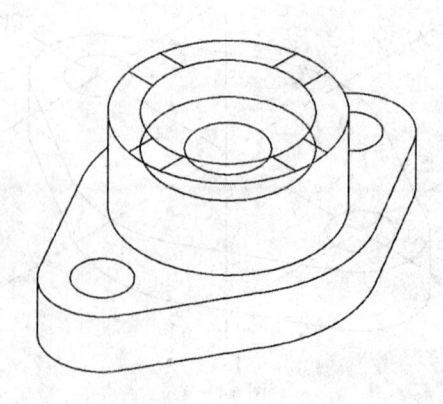

图 14-7

实训 14　绘制轴测图 2

9. 用【复制】命令复制椭圆,用【直线】命令画直线,如图 14-8 所示。

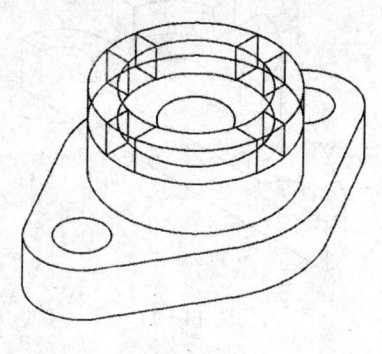

图 14-8

10. 用【修剪】命令进行修剪,轴测图如图 14-9 所示。用【保存】命令将图形赋名并保存。

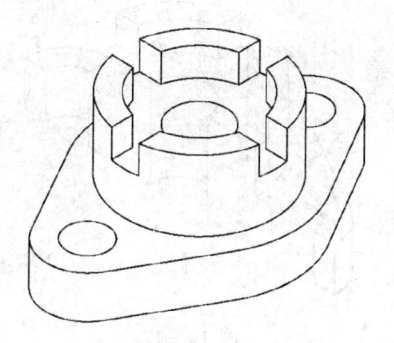

图 14-9

11. 打开"中心线"层,用【复制】命令复制中心线,改变其线型为轮廓线,关闭"中心线层",如图 14-10 所示。

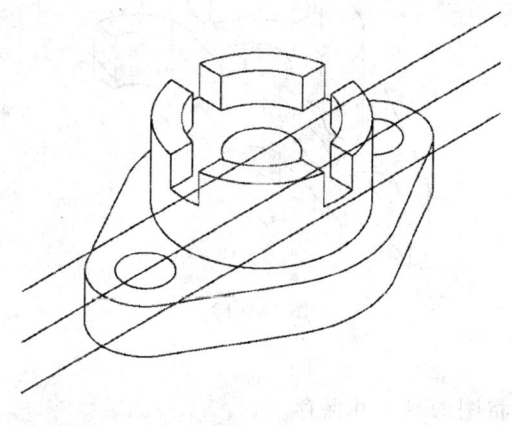

图 14-10

12. 用【修剪】命令进行修剪,用【删除】命令删除多余线条,用【延伸】命令进行延长,再用【直线】命令画直线,如图 14-11 所示。

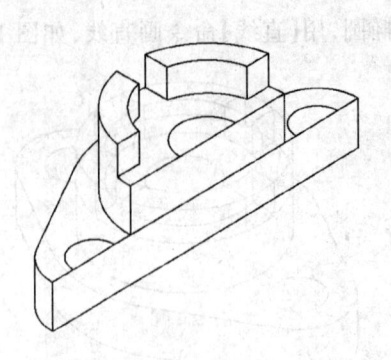

图 14-11

13. 用【复制】命令复制半椭圆,用【直线】命令画直线,用【修剪】命令进行修剪,如图 14-12 所示。

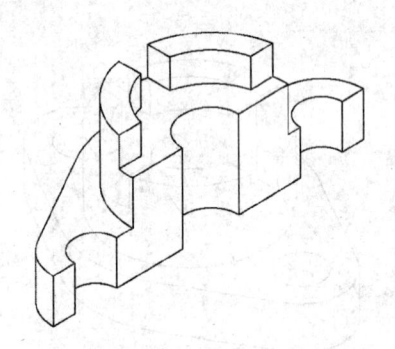

图 14-12

14. 用【图案填充】命令进行填充,剖视轴测图如图 14-13 所示。

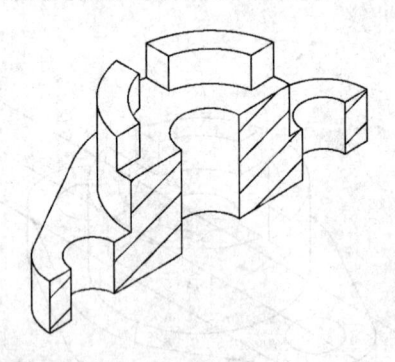

图 14-13

15. 用【保存】命令将图形赋名并保存。

三、课后训练

练习一：根据二维视图如图 14-14，绘制零件的轴测图

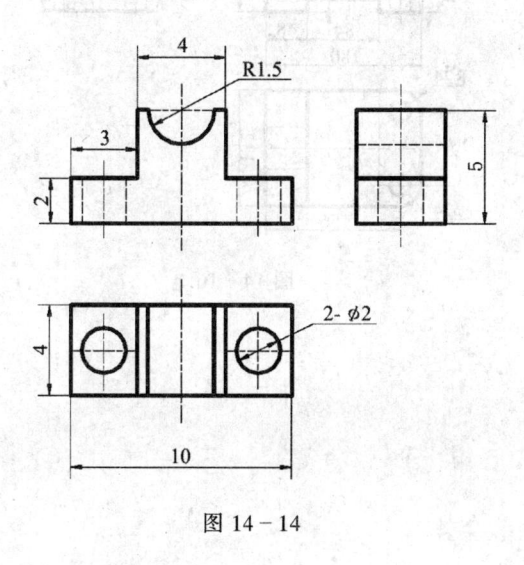

图 14-14

练习二：根据二维视图如图 14-15，绘制零件的轴测图

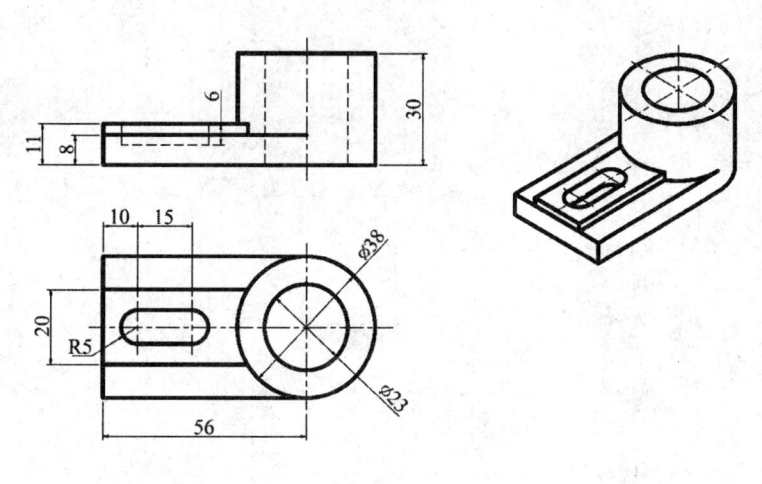

图 14-15

练习三：根据二维视图如图 14-16，绘制零件的轴测图

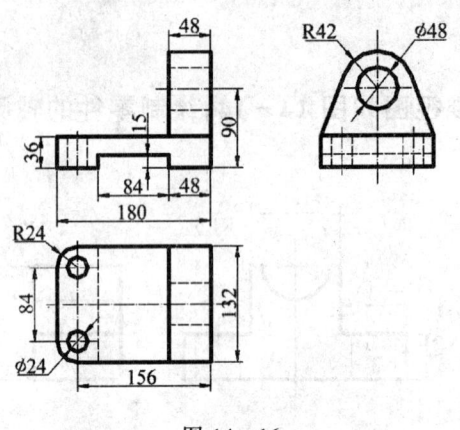

图 14-16

实训 15　绘制三维图形 1

一、实训目的

1. 熟练掌握基本三维表面的制作方法。
2. 熟练掌握常用编辑三维表面命令的使用。
3. 掌握构建复杂三维表面的方法和技巧。

二、实训演练

项目一：绘制如图 15-1 所示图形

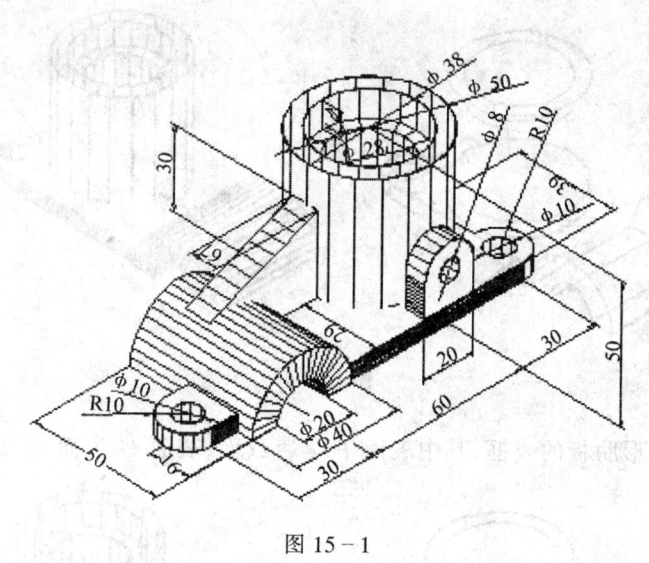

图 15-1

1. 运用样板文件新建图形。
2. 绘制空心圆柱体的线框,再创建直纹面,如图 15-2 所示。

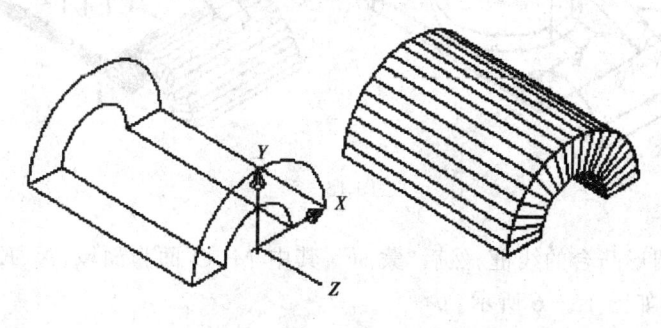

图 15-2

3. 绘制竖直圆柱体的线框,并形成直纹面,然后把网格表面移动到指定位置,如图 15-3 所示。

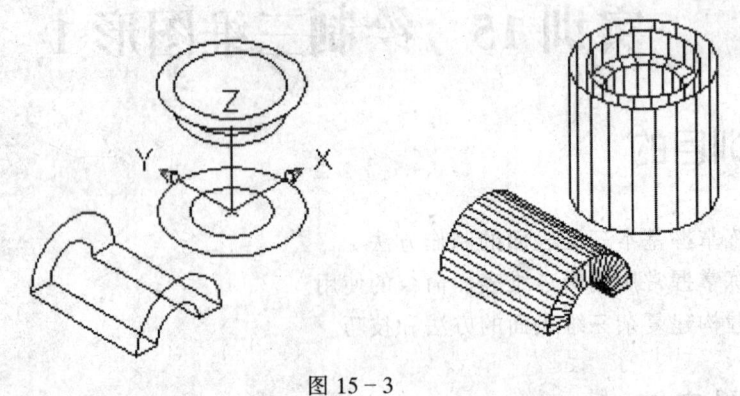

图 15-3

4. 创建底板的三维线框。其中表面 A、B 是孔斯曲面,表面 C 是面域,表面 D、E 是直纹面,结果如图 15-4 所示。

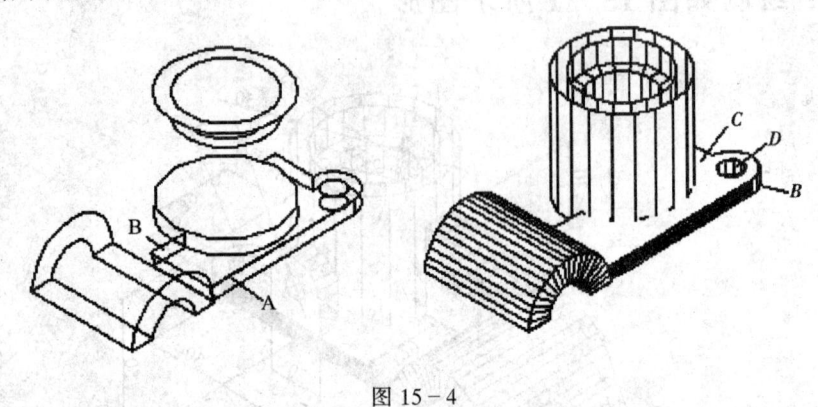

图 15-4

5. 绘制三角形肋板的线框,其中表面 F 为直纹面,表面 G 为面域,如图 15-5 所示。

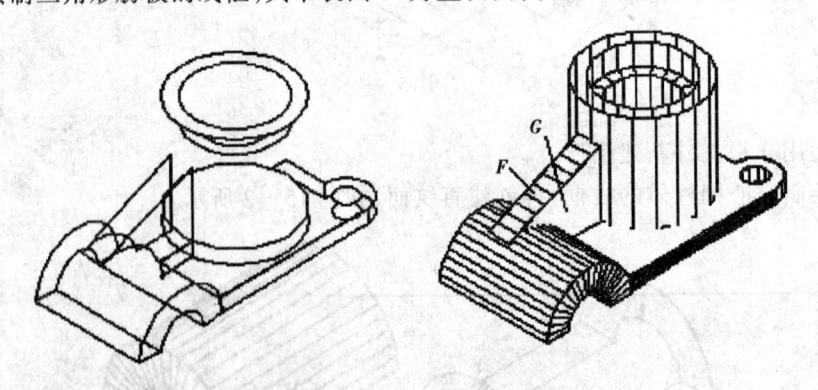

图 15-5

6. 绘制半圆形凸台的线框,然后"蒙面",其中 M、O 面为面域,N、K 面为直纹面,P 面为孔斯曲面。如图 15-6 所示。

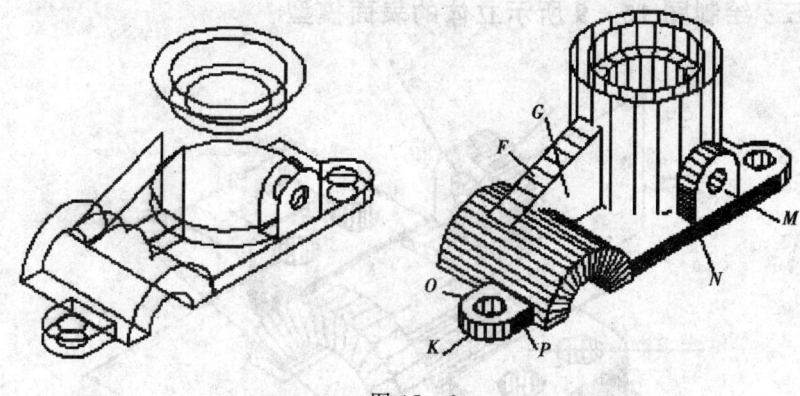

图 15-6

三、课后训练

练习一：绘制图 15-7 所示曲面立体的表面模型

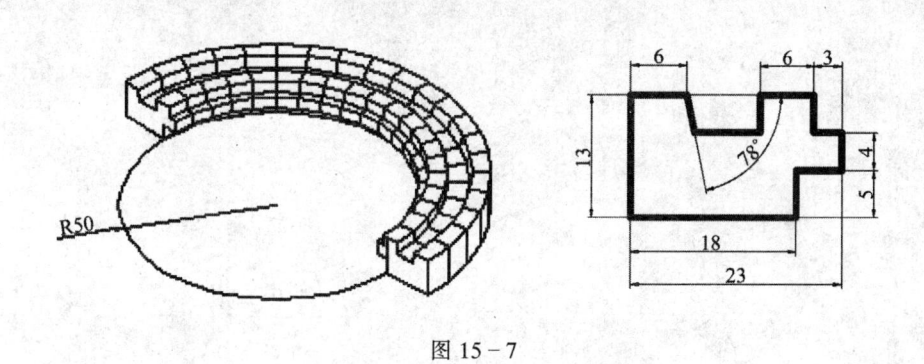

图 15-7

练习二：绘制图 15-8 所示曲面立体的表面模型

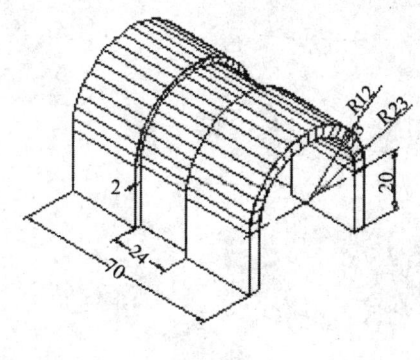

图 15-8

练习三：绘制图 15-9 所示立体的表面模型

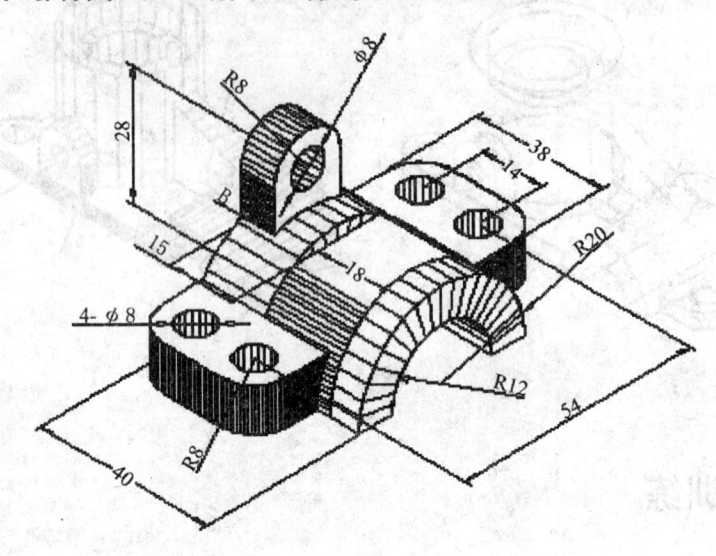

图 15-9

实训 16　绘制三维图形 2

一、实训目的

1. 熟练掌握基本三维实体的制作方法
2. 熟练掌握常用编辑实体命令的使用
3. 掌握绘制和编辑复杂实体的方法和技巧

二、实训演练

项目一：绘制如图 16-1 所示图形

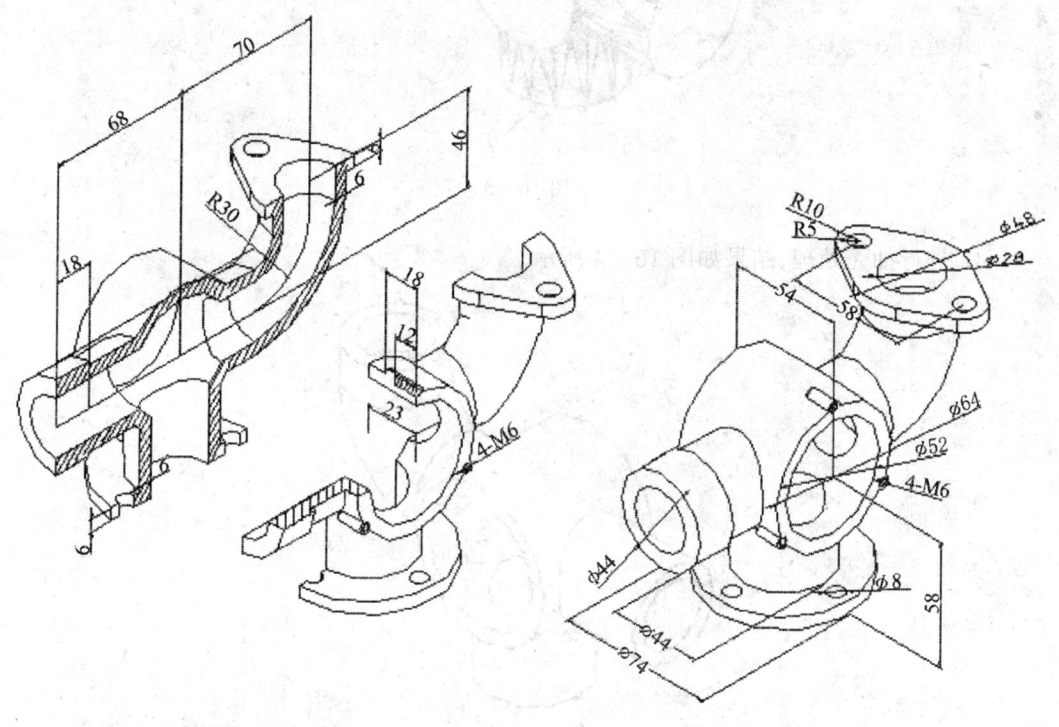

图 16-1

1. 运用样板文件新建图形。
2. 绘制零件的圆形底板。如图 16-2 所示。

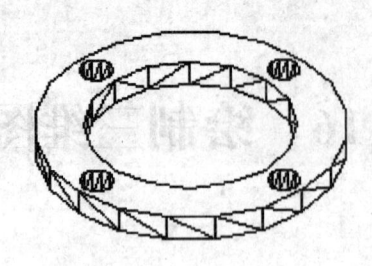

图 16-2

3. 绘制竖直圆柱体 A、水平圆柱体 B 和 C、弯曲圆柱体 D，并将它们作"并"运算，如图 16-3 所示。

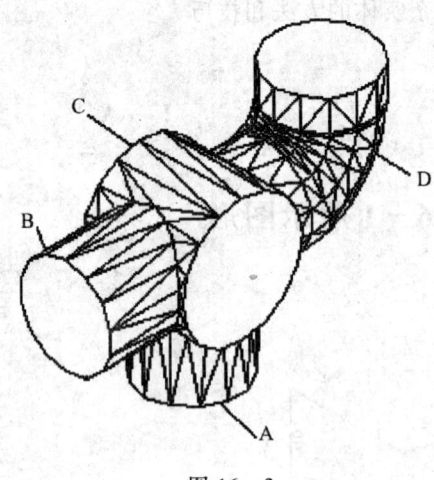

图 16-3

4. 进行抽壳处理，结果如图 16-4 所示。

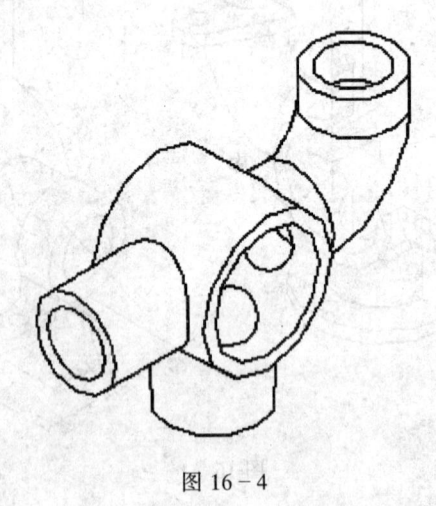

图 16-4

5. 绘制水平连接板 E，然后将它们作"并"运算，如图 16-5 所示。
6. 绘制空心圆柱体 H、圆柱体 L、球体 M、螺纹杆 N，并将它们移动到正确位置，再进行布尔运算，结果如图 16-6 所示。

实训 16　绘制三维图形 2

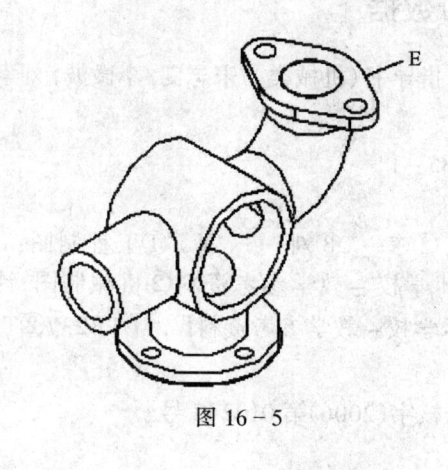

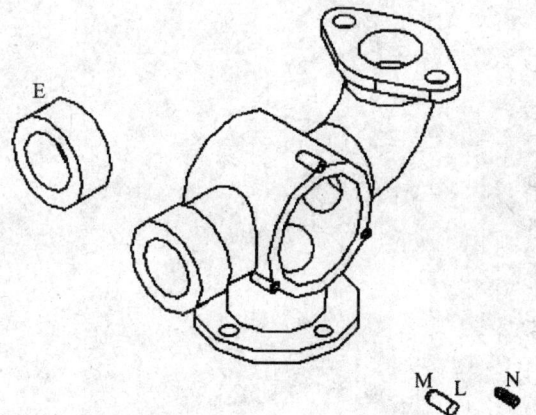

图 16-5

图 16-6

三、课后训练

练习一：绘制图 16-7 所示三维实体的图形

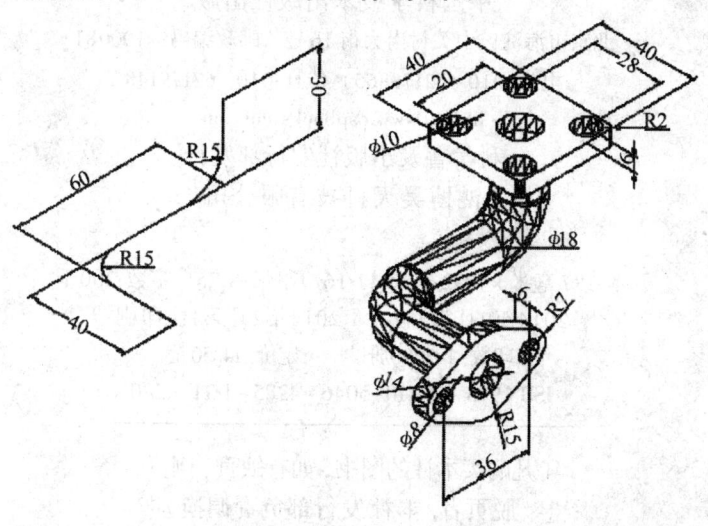

图 16-7

图书在版编目(CIP)数据

AutoCAD工程绘图实训指导书(机械类)/宋志良,李微波,刘素楠主编. —北京:中国科学技术出版社,2014

ISBN 978-7-5046-4285-1

Ⅰ.A… Ⅱ.①宋… ②李… ③刘… Ⅲ.①工程制图:计算机制图-应用软件,AutoCAD-高等学校:技术学校-教学参考资料②机械制图:计算机制图-应用软件,AutoCAD-高等学校:技术学校-教学参考资料Ⅳ.①TB237②TH126

中国版本图书馆CIP数据核字(2006)第010247号

策划编辑	肖　叶
责任编辑	邓　文
封面设计	阳　光
责任校对	张林娜
责任印刷	马宇晨
法律顾问	宋润君

中国科学技术出版社出版
北京市海淀区中关村南大街16号　邮政编码:100081
电话:010-62173865　传真:010-62179148
http://www.cspbooks.com.cn
科学普及出版社发行部发行
鸿博昊天科技有限公司

*

开本:787毫米×1092毫米　1/16　印张:8.75　字数:200千字
2014年2月第3版　　2014年2月第1次印刷
印数:1—3000册　　定价:14.50元
ISBN 978-7-110-5046-4285-1/TP·280

(凡购买本社的图书,如有缺页、倒页、
脱页者,本社发行部负责调换)